"十四五"高等职业教育机电类专业系列教材

低压电工技术

吴晓华◎主　编
闫毅平　薛　瑞◎副主编

中国铁道出版社有限公司
CHINA RAILWAY PUBLISHING HOUSE CO., LTD.

内 容 简 介

本书从职业能力培养的角度出发,力求体现职业培训的规律,在编写中贯穿"以职业标准为依据,以企业需求为导向,以职业能力为核心"的理念,整合了读者所需掌握的基本知识和技能实践。本书按项目任务式的体例编写,主要包括安全用电、常用电工工具和电工仪表的使用、电气安装基本操作、照明电路的安装与检修、电动机拆装与检修、电动机基本控制线路安装六个项目。每个项目的设计从简单到复杂,从单一到综合,从理论知识到技能操作,符合学生的认知规律。

本书适合作为高等职业院校相关专业的教材或教学参考书,也适合维修电工及其他电工从业人员阅读或岗位培训使用。

图书在版编目(CIP)数据

低压电工技术/吴晓华主编. —北京:中国铁道出版社有限公司,2022.9(2025.1 重印)
"十四五"高等职业教育机电类专业系列教材
ISBN 978-7-113-29444-1

Ⅰ.①低… Ⅱ.①吴… Ⅲ.①低电压-电工-高等职业教育-教材 Ⅳ.①TM08

中国版本图书馆 CIP 数据核字(2022)第 131056 号

书　　名:低压电工技术
作　　者:吴晓华

策　　划:何红艳	编辑部电话:63560043
责任编辑:何红艳　绳　超	
封面设计:高博越	
责任校对:孙　玫	
责任印制:赵星辰	

出版发行:中国铁道出版社有限公司(100054,北京市西城区右安门西街 8 号)
网　　址:https://www.tdpress.com/51eds
印　　刷:三河市兴博印务有限公司
版　　次:2022 年 9 月第 1 版　2025 年 1 月第 2 次印刷
开　　本:787 mm×1 092 mm　1/16　印张:15　字数:346 千
书　　号:ISBN 978-7-113-29444-1
定　　价:45.00 元

版权所有　侵权必究

凡购买铁道版图书,如有印制质量问题,请与本社读者服务部联系调换。电话:(010)51873174
打击盗版举报电话:(010)63549461

前言

随着人们生活水平的提高,各种用电设施不断增多,确保用电安全已经成为了一种保障人们生命及财产安全的必然要求,电工技能的提升是维护用电安全的最基本保障。目前,电子电力产品的竞争日益激烈,提升产品质量和加强服务是各电子电力企业发展过程中必经之路。电工人员自身的综合素质和操作水平就成为企业发展水平的重要衡量标准。加强对电工工人的培养,提升其素质水平和技能已经成为电子电力企业不断发展的重要方式。

本书从职业能力培养的角度出发,力求体现职业培训的规律。在编写中贯穿"以职业标准为依据,以企业需求为导向,以职业能力为核心"的理念,整合了读者所需掌握的基本知识和技能实践。本书按项目任务式的体例编写,主要包括安全用电、常用电工工具和电工仪表的使用、电气安装基本操作、照明电路的安装与检修、电动机拆装与检修、电动机基本控制线路安装六个项目。

本书具有如下鲜明特点:

1. 工学结合,校企合作

在十几年校企合作的背景下,本书的教学内容选取以企业需求为导向,以职业能力为核心,增强课程内容与岗位能力的相关性,紧紧围绕岗位工作任务来选择课程内容,从以学科体系为中心走向以工作任务为中心。

2. 理实一体,注重实践

本书注重理论与操作相结合,采用"理论学习任务+技能操作任务"的项目任务式编写模式,体现理实一体化教学理念。学习过程强调"学中做,做中学",以学生为中心,教师为引领,注重学生实践能力的培养。

3. 循序渐进,符合认知

本书的项目安排遵循人的认知和技能养成规律,一个项目即为一项职业能力,项目之间相对独立,又相互关联,符合循序渐进的教学要求,技能实训由浅入深、由易到难。

4. 智慧职教，资源丰富

本书配有的课程资源均来自"智慧职教"平台的"国家级城市轨道交通专业教学资源库"，主要包括教材配套 PPT、视频、动画、虚拟仿真、图片、文档等可辅助教师运用信息化素材丰富授课内容和形式的内容，能实现校内校外、线上线下学习模式的有机结合，支持翻转课堂的授课方式。推荐读者直接登录其网站，进入"城市轨道交通低压电工技术"课程进行学习或者联系本书编者索取资源（邮箱：wuxiaohua2100@126.com）。

本书由北京交通运输职业学院吴晓华任主编，北京市工贸技师学院闫毅平、北京交通运输职业学院薛瑞任副主编。其中，吴晓华编写项目一、项目二和项目六，闫毅平编写项目三和项目五，薛瑞编写项目四，全书由吴晓华统稿。在编写过程中，编者参考了大量文献资料和网络资料，在此向所有参考文献的作者表示衷心的感谢。

由于编者水平所限，加之时间仓促，书中不妥之处在所难免，恳请广大专家和读者批评指正。

编　者

2022 年 3 月

项目一	安全用电	1

学习任务一　人体触电 ··· 1
学习任务二　触电预防措施 ··· 6
学习任务三　触电急救 ··· 20
操作任务一　电工绝缘手套的检查和使用 ····································· 24
操作任务二　标志牌的使用 ·· 25
操作任务三　触电急救的五项操作 ··· 27

项目二	常用电工工具和电工仪表的使用	30

学习任务一　常用电工工具使用 ·· 30
学习任务二　常用电工仪表使用 ·· 40
操作任务一　低压验电笔的使用 ·· 52
操作任务二　指针万用表的使用 ·· 54
操作任务三　数字万用表的使用 ·· 56
操作任务四　交流钳形电流表的使用 ·· 57
操作任务五　运行异常的 380 V 三相异步电动机绝缘电阻检测 ······· 59
操作任务六　低压电力电缆的绝缘电阻检测 ·································· 62
操作任务七　运行异常的低压电容器绝缘电阻检测 ························ 64

项目三	电气安装基本操作	68

学习任务一　电工材料 ··· 68
学习任务二　导线连接 ··· 86
学习任务三　手工焊接 ··· 97
操作任务一　导线的识别 ·· 108
操作任务二　导线的连接 ·· 109

项目四　照明电路的安装与检修 ········ 112
学习任务一　开关和插座的安装 ········ 112
学习任务二　电能表的安装 ········ 118
学习任务三　荧光灯电路的安装与检修 ········ 126
操 作 任 务　照明电路综合实训 ········ 130

项目五　电动机拆装与检修 ········ 133
学习任务一　三相异步电动机的拆装与检修 ········ 133
学习任务二　单相异步电动机的拆装与检修 ········ 156
学习任务三　直流电动机的拆装与检修 ········ 167

项目六　电动机基本控制线路安装 ········ 181
学习任务一　常用低压电器 ········ 181
学习任务二　常用电气符号及识图方法 ········ 206
学习任务三　电动机控制线路的安装 ········ 219
操作任务一　三相异步电动机单向连续运行的线路安装 ········ 226
操作任务二　三相异步电动机双重联锁正反转的线路安装 ········ 228
操作任务三　三相异步电动机Y-△降压起动的线路安装 ········ 231

参 考 文 献 ········ 234

项目一 安全用电

在现实生活中用电事故时有发生,究其主要原因,大多是因为人们不重视电气设备的用电安全,所以我们必须懂得安全用电常识,树立安全第一的观念,避免事故发生。本项目简单介绍人体触电、触电预防措施和触电急救的基本常识及技能操作。

学习目标

1. 知识目标

(1) 了解人体触电原因及规律、触电伤害和触电形式。

(2) 熟悉预防触电的常用措施。

2. 能力目标

(1) 会进行常用触电预防措施的操作。

(2) 会进行触电急救的五项操作。

3. 素质目标

(1) 感知维修电工的职业特征,培养维修电工的职业素养,建立自觉遵守电工安全操作规程的意识。

(2) 养成爱护国家财产的良好美德。

学习任务一 人体触电

一、触电原因及规律

随着电力工业和电气技术的迅速发展,电的使用日益广泛,电力安全技术知识不足,对电气设备的安装、维修、使用不当、错误操作,或者电气设备的安全保护装置设计不完善,都有可能造成人身触电、电器损坏等事故。严重触电可能造成大面积停电。

1. 触电原因

造成人体触电的原因很多,主要有以下几方面:

(1) 缺乏电气安全知识。例如,在光线较弱的情况下带电接线,误触带电体;手触摸破损的胶盖刀闸等。

(2) 违反安全操作规程。例如,带电拉临时照明线;带电修理电动工具、换行灯变压器、搬动用电设备;相线误接在电动工具外壳上;用湿手拧灯泡;安装接线不规范等。

(3) 设备不合格。例如,高低压线路交叉,低压线误设在高压线上面;用电设备进出线未包扎好,裸露在外;人触及不合格的临时线等。

(4) 设备管理不善。例如,胶盖刀闸的胶木盖破损,长期不修理;水泵电动机接线破损使外壳长期带电等。

(5) 其他偶然因素。例如,大风刮断电力线路触到人体;人体受雷击等。

2. 触电事故的一般规律

为了防止触电事故,应当了解触电事故的规律。根据对触电事故原因的分析,从触电事故的发生概率上看,可找到以下规律,见表1-1。

表1-1 触电事故的一般规律

一般规律	原因分析
事故季节性明显	据统计资料,一年之中第二、三季度事故较多,6~9月的事故最集中。主要原因是夏秋天气潮湿、多雨,降低了电气设备的绝缘性能;人体多汗,人体电阻降低,易导电;天气炎热,个别工作人员不穿工作服和带绝缘护具,触电危险性增大
低压设备触电事故多	主要原因是低压设备多,低压电网广,与人接触机会多;设备简陋,管理不严,思想麻痹,群众缺乏电气安全知识。但是,这与专业电工的触电事故比例相反,即专业电工的高压触电事故比低压触电事故多
电气连接部位触电事故多	统计资料表明,电气事故点多数发生在接线端子、压接接头、焊接接头、电线接头、电缆头、灯座、插座、控制开关、接触器、熔断器等分支处、接户线处。主要原因是这些连接部位机械牢固性较差、接触电阻较大、绝缘强度较低,以及可能发生化学反应
携带式设备和移动式设备触电事故多	主要原因是这些设备需要经常移动,工作条件差,设备和电源线都容易发生故障或损坏;另一方面,这些设备经常在人的紧握之下运行,一旦触电就难以摆脱电源。此外,单相携带式设备的保护线与中性线容易接错,也会造成触电事故
违章作业和误操作引起的触电事故多	主要原因是由于安全教育不够、安全规章制度不严和安全措施不完备、操作者素质不高等
不同行业触电事故不同	冶金、矿业、建筑、机械行业触电事故多。主要原因是这些行业的生产现场经常伴有潮湿、高温,以及移动式设备、便携式设备和金属设备多等
不同年龄段的人员触电事故不同	中青年工人、非专业电工、合同工和临时工的触电事故多
不同地域触电事故不同	据统计,农村触电事故多于城市,主要原因是农村用电设备因陋就简,管理不严;相关人员技术水平相对较低,电气安全知识缺乏

二、触电伤害

1. 电流对人体危害的因素

电流通过人体会引起麻感、针刺感、压迫感、打击感、痉挛、疼痛、呼吸困难、血压异常、昏迷、心律不齐、窒息、心室纤维性颤动等症状。电流还可能通过中枢神经系统对机体产生作用,所以当人体触及带电体时,一些没有电流通过的部位也会受到刺激,发生强烈的反应,甚至重要器官的功能会受到破坏。

电流对人体危害主要与电流大小、电流频率、通电时间长短、电流路径和人体电阻等因素有关。

1)电流大小

通过人体的电流越大,人体的生理反应就越明显,感应就越强烈,引起心室颤动所需的时间就越短,致命的危害就越大,见表1-2。

表1-2 人体对电流反应一览表

电流(交流、工频情况下)	人体反应	备注
100~200 μA	对人体无害反而能治病	
1 mA 左右	引起麻的感觉	感知电流 1 mA
不超过 10 mA 时	人尚可摆脱电源	摆脱电流 10 mA
超过 30 mA 时	感到剧痛、神经麻痹、呼吸困难、有生命危险	安全电流 30 mA
超过 50 mA 时	引起心室颤动、呼吸麻痹	致命电流 50 mA
达到 100 mA 时	很短时间使人心跳停止	

2)电流频率

一般认为,40~60 Hz 的交流电对人最危险。随着频率的增加,危险性将降低。当电源频率大于 20 000 Hz 时,所产生的损害明显减小,但高压高频电流对人体仍然是十分危险的。

3)通电时间长短

当人体触电时间越长,人体电阻因出汗等原因而降低,导致通过人体的电流增加,触电的危险性也随之增加。此外,人体通电时间越长,人的中枢神经系统反射越强烈,触电的危险性就越大。

4)电流路径

电流通过人体的路径以经过心脏为最危险,因为较大的电流通过心脏会引起心室颤动或心脏停止跳动。从左手到胸部是最危险的电流路径,从脚到脚是危险性较小的电流路径。流经心脏的电流与通过人体总电流的比例见表1-3。

表1-3 流经心脏的电流与通过人体总电流的比例

电流路径	流经心脏的电流与通过人体总电流的比例/%
左手到脚	6.7
右手到脚	3.7
左手到右手	3.3
左脚到右脚	0.4

5)人体电阻

人体电阻基本上按表皮角质层的电阻大小而定,但是由于皮肤状况、触电接触等情况不同,电阻值也有所不同。如皮肤较潮湿、触电接触紧密时,人体电阻就较小,则通过的触电电流就越大,危险性就越大。不同条件下的人体电阻见表1-4。

表1-4 人体电阻

施加于人体的电压/V	人体电阻/Ω			
	皮肤干燥	皮肤潮湿	皮肤湿润	皮肤浸入水中
10	7 000	3 500	1 200	600
25	5 000	2 500	1 000	500
50	4 000	2 000	875	440
100	3 000	1 500	770	375

2. 电流对人体伤害的类型

电对人体的伤害,主要来自电流。电流对人体的伤害有电击和电伤两种。

1)电击

电击是指电流流过人体内部,造成人体内部器官的伤害,对人体危害较大。绝大多数的触电死亡事故都是由电击造成的。

电击致人死亡的原因主要有两点:

(1)流过心脏的电流过大、持续时间过长,引起"心室纤维性颤动"而致死。此种情况所占比例最高。

(2)因电流大使人产生窒息或因电流作用使心脏停止跳动而死亡。

2)电伤

电伤是指由于电流的热效应、化学效应和机械效应对人体的外表造成的局部伤害。电伤在不是很严重的情况下,一般无致命危险。电伤有电弧灼伤、电烙印和皮肤金属化3种类型。

(1)电弧灼伤是由弧光放电引起的,比如低压系统带负荷(特别是感性负荷)拉刀开关,错误操作造成的线路短路、人体与高压带电部位距离过近而放电,都会造成强烈弧光放电。电弧灼伤也能危及人的生命。

(2)电烙印通常是在人体与带电体紧密接触时,由电流的化学效应和机械效应而引起的伤害。

(3)皮肤金属化是由于电流熔化和蒸发的金属微粒渗入表皮所造成的伤害。

三、触电形式

按照人体触及带电体的方式和电流流过人体的路径,电击主要可分为单相触电、两相触电和跨步电压触电。

1. 单相触电

单相触电是指当人体的某一部分接触带电体的同时,人体的另一部分又与大地或中性线相接触,电流从带电体流经人体到大地(或中性线)形成回路,如图1-1所示。

单相触电的危险程度与电网运行方式有关,一般情况下,中性点接地电网的单相触电比不接地电网的危险性大。

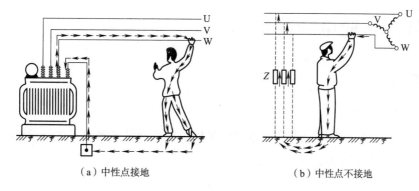

（a）中性点接地　　　　　　（b）中性点不接地

图1-1　单相触电

2. 两相触电

两相触电是指人体两处同时触及两相带电体而发生的触电事故,如图1-2所示。无论电网的中性点接地与否,人体所承受的线电压将比单相触电时高,危险更大。

3. 跨步电压触电

当电气设备发生接地故障或线路一相落地时,电流就会从接地点向四周扩散,地表面形成电压梯度(以接地点为圆心的径向电位差分布)。人离接地点越近,电位越高,电位梯度越高。离接地点20 m外,电位近似为0。在20 m内,人体两脚之间(0.8 m)电位差达到危险电压而造成触电,称为跨步电压触电,如图1-3所示。

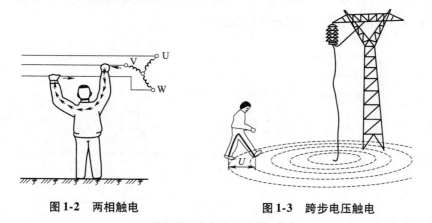

图1-2　两相触电　　　　　图1-3　跨步电压触电

在高压故障接地处,或有大电流流过接地装置附近,都可能出现较高的跨步电压,因此要求在检查高压设备的接地故障时,室内不得接近接地故障点4 m以内,室外不得接近接地故障点8 m以内。若进入上述范围,工作人员必须穿绝缘靴。

注意:距离接地故障点20 m外视为安全区,不会发生跨步电压触电。一旦不小心已步入断线落地区且感觉到有跨步电压时,应赶快把双脚并在一起或用一条腿跳着离开断线落地区。

学习任务二　触电预防措施

一、保护接地

1. 保护接地的原理

将电气设备的金属外壳或与外壳相连的金属构架与大地可靠地电气连接,从而起到保护人身安全的作用,如图 1-4 所示。

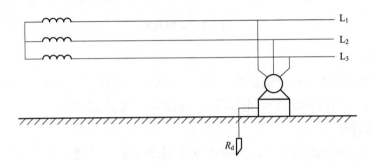

图 1-4　保护接地

如图 1-5 所示,当电气设备内部绝缘损坏发生一相碰壳时,由于外壳带电,当人体触及外壳,电流将经过人体入地后,再经电网对地阻抗 Z(包括电网对地绝缘电阻 R 及分布电容 C)回到电源。当 R 值较低,C 较大时,I_r 将达到或超过危险值。

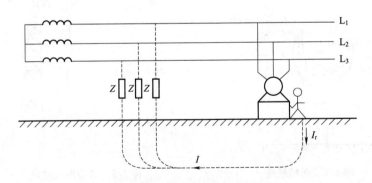

图 1-5　电气设备外壳未装保护接地

如图 1-6 所示,将电气设备的金属外壳或与外壳相连的金属构架(正常情况下是不带电的)接地,接地装置的分流作用减少通过人体的电流,使得通过人体的电流可减小到安全值以内。接地电阻越小,接触电压越小,流过人体的电流越小。在中性点不接地的 380 V/220 V 低压系统中,单相接地电流很小。为了保证漏电设备漏电时外壳对地电压不超过安全范围,一般要求保护接地电阻 $R_d \leq 4\ \Omega$。

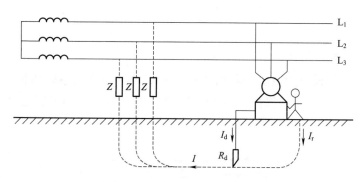

图 1-6 电气设备外壳有保护接地

2. 保护接地的应用

保护接地一般用于中性点不直接接地的三相三线制供电系统中,可防止在绝缘损坏或意外情况下金属外壳带电时强电流通过人体,以保证人身安全。

如图 1-7 所示,对三相四线制系统,采用保护接地十分不可靠。一旦外壳带电时,电流将通过保护接地的接地极、大地、电源的接地极而回到电源。因为接地极的电阻值基本相同,则每个接地极电阻上的电压是相电压的一半。人体触及外壳时,就会触电。所以,在三相四线制系统中的电气设备不推荐采用保护接地,最好采用保护接零。

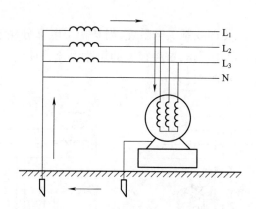

图 1-7 三相四线制系统不采用保护接地

3. 保护接地的注意事项

(1)接地电阻一定要符合要求。

(2)接地一定要可靠。

(3)保护接地的目的是降低外壳电压。但由于工作性质的要求,并不需要立即停电(一般允许运行 0.5 h),所以危险一直存在。

(4)从防止人身触电角度考虑,既然保护接地不能完全保证安全,应当配漏电保护器;但从安全生产角度考虑,不允许漏电就断电,所以是个矛盾,根据现场实际情况决定漏电时是否断电。如果要求断电,则安装跳闸线圈。

二、保护接零

1. 保护接零的原理

保护接零是把电气设备的金属外壳和电网的零线(即中性线)连接,以保护人身安全的一种用电安全措施,如图1-8所示。保护接零适用于380 V/220 V的三相四线制中性点接地的供用电系统。

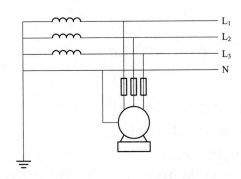

图1-8 保护接零原理图

如图1-9(a)所示,对于三相四线制供电系统,如果不采用保护接零,设备漏电时,人体触及外壳便造成单相触电事故。

如图1-9(b)所示,对于三相四线制供电系统,当某相带电部分碰连设备外壳而产生设备漏电时,将形成该相对中性线的单相短路,这种很大的短路电流将使线路的保护装置迅速动作,切断电路,既保护了人身安全又保护了设备安全。

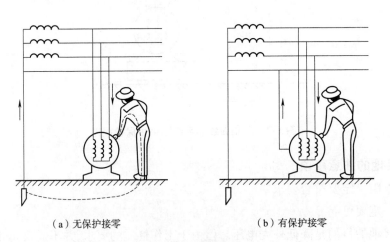

(a)无保护接零　　　　　　　(b)有保护接零

图1-9 保护接零

2. 保护接零的注意事项

(1)一定要有快速可靠的开关,否则将加重触电的危险性。

(2)工作零线不应接开关或熔断器。

工作零线起着十分重要的作用,不能发生工作零线断线的情况。为防止工作零线断线,可将工作零线重复接地,如图 1-10 所示。

(3)接零线一定要真正独立地接到工作零线上去。

(4)一定要防止单相设备电源端相线与中性线接反,否则设备外壳将带上相线电压。

(5)同一电网中不宜同时用保护接地和保护接零。

如图 1-11 所示,电动机 1 漏电,形成单相接地短路时,如果短路电流不足以使保护装置动作,则电动机 2 的外壳将长期带电。如果电动机 1 的接地电阻和电网中性点电阻相同,则外壳电压为 110 V,即所有采用保护接零的设备外壳都有危险电压,因此不允许。

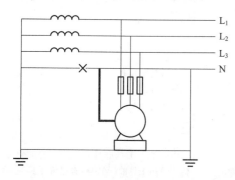

图 1-10　重复接地

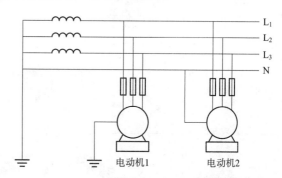

图 1-11　不宜同时用保护接地和保护接零

三、绝缘、屏护和安全距离

1. 绝缘措施

所谓绝缘,就是用绝缘材料把带电体隔离起来,实现带电体之间、带电体与其他物体之间的电气隔离,使设备能长期安全、正常地工作,同时可以防止人体触及带电部分,避免发生触电事故,所以绝缘在电气安全中有着十分重要的作用。良好的绝缘是设备和线路正常运行的必要条件,也是防止触电事故的最重要措施。

常见的绝缘防护有导线的绝缘层、线路中使用的绝缘胶带及绝缘子、带绝缘手柄的电工工具等,见表 1-5。

表 1-5　绝缘防护的实例

类　型	图　例	说　明
电线电缆的绝缘层		电线电缆的绝缘层主要作用是电绝缘,对于没有护层的和使用时经常移动的电线电缆,它还起到机械保护的作用。绝缘层大多采用橡皮和塑料,它们的耐热等级决定电线电缆的允许工作温度

续表

类　型	图　例	说　明
绝缘胶带		普通绝缘胶带可用于 1 kV 以下低压电线电缆接头的绝缘包扎或架空电气引线作绝缘和密封,适用于防水线、电缆头和各种接头
绝缘子		绝缘子用来紧固导线,保护导线对地的绝缘。绝缘子有低压绝缘子和高压绝缘子两类
电线管及管件		电线管配线有耐潮、耐腐、导线不易受机械损伤等优点,广泛适用于室内外照明和动力线路的明、暗装配线
工具绝缘手柄		电工常用工具应具有性能良好的绝缘柄。使用工具前,必须检查绝缘手柄是否完好。如果绝缘体损坏和破裂,进行带电作业时容易发生触电事故

绝缘的破坏主要分为绝缘击穿、绝缘老化、绝缘损坏 3 种形式。

(1)绝缘击穿。当电场的强度超过某一极限值时,通过介质的电压关系将不再符合欧姆定律,而使电流猛增,这时的绝缘材料被破坏而失去了绝缘的性能,这种现象就称为绝缘击穿。

(2)绝缘老化。电气设备运行过程中,其绝缘材料由于受热、电、光、氧、机械力(包括超声波)、辐射线、微生物等因素的长期作用,产生一系列不可逆的物理变化和化学变化,导致绝缘材料的电气性能和机械性能劣化。

绝缘老化过程十分复杂,就其老化机理而言,主要有热老化和电老化两种。

热老化一般在低压电气设备中。促使绝缘材料老化的主要原因是热。热老化包括低分子挥发性成分的逸出,包括材料的解聚和氧化裂解、热裂解、水解;还包括材料分子链继续聚合等过程。每种绝缘材料都有其极限耐热温度,超过这个极限,其老化将加剧,电气设备的寿命就会缩短。

电老化主要是由局部放电引起的。在高压电气设备中,促使绝缘材料老化的主要原因是局部放电。局部放电时产生臭氧、氮氧化物、高速粒子,这些都会降低绝缘材料的性能,局部放电还会使材料局部发热,促使材料性能恶化。

(3)绝缘损坏。绝缘损坏是指由于不正确选用绝缘材料、不正确地进行电气设备及线路的安装、不合理地使用电设备等,导致绝缘材料受到外界腐蚀性液体、气体、蒸汽、潮气、粉尘的污染和侵蚀,或受到外界热源、机械因素的作用,在较短的时间内失去其电气性能或者机械性能。

绝缘电阻随线路和设备的不同,其指标要求也不一样。就一般而言,高压较低压要求高;新

设备较老设备要求高;室外设备较室内设备要求高;移动设备较固定设备要求高等。以下为几种主要线路和设备应达到的绝缘电阻值:

(1)新装和大修后的低压电力布线和配电装置,要求绝缘电阻不低于 0.5 MΩ。
(2)运行中的低压电力布线和配电装置,要求可降低为每伏工作电压不小于 1 000 Ω。
(3)安全电压下工作的设备同 220 V 工作的设备一样,绝缘电阻不得低于 0.22 MΩ。
(4)在潮湿环境,要求可降低为每伏工作电压 500 Ω。
(5)携带式电气设备的绝缘电阻不应低于 2 MΩ。
(6)配电盘二次线路的绝缘电阻不应低于 1 MΩ。在潮湿环境,允许降低为 0.5 MΩ。

2. 屏护措施

屏护是指采用遮栏、栅栏、保护网、护盖、护罩或隔离板等把带电体同外界隔绝开来,以防止人体触及或接近带电体所采取的一种安全技术措施。除防止触电的作用外,有的屏护装置还能起到防止电弧伤人、防止短路、防止故障接地或便利检修工作等作用。对于配电线路和电气设备的带电部分,如果不便加包绝缘或绝缘强度不足时,就可以采用屏护措施。常见屏护装置见表 1-6。

表 1-6 常见屏护装置

种 类	图 示	用 途
遮栏		遮栏用于室内高压配电装置。遮栏应牢固可靠;严禁工作人员和非工作人员移动遮栏。金属遮栏必须妥善接地并加锁
栅栏		栅栏一般用于室外配电装置
保护网		保护网由铁丝网和铁板网组成,用于明装裸导线或母线跨越通道时,防止高处坠落物体或上下碰触事故的发生
护盖		护盖是开关电器的可动部分,例如插座的塑壳、闸刀开关的胶盖

续表

种 类	图 示	用 途
移动屏护装置	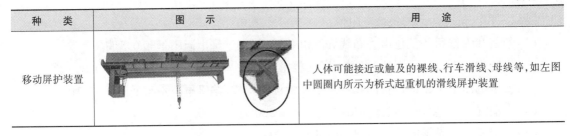	人体可能接近或触及的裸线、行车滑线、母线等,如左图中圆圈内所示为桥式起重机的滑线屏护装置

设置屏护装置应注意以下几点:

(1)屏护装置所用材料应有足够的机械强度和良好的耐火性能。为防止因意外带电而造成触电事故,对金属材料制成的屏护装置必须实行可靠的接地或接零。

(2)屏护装置应有足够的尺寸,与带电体之间应保持必要的距离。遮栏高度不应低于1.7 m,下部边缘离地不应超过0.1 m,网眼遮栏与带电体之间的距离不应小于下述规定的距离:栅遮栏的高度户内不应小于1.2 m,户外不应小于1.5 m,栏条间距离不应大于0.2 m。对于低压设备,遮栏与裸导体之间的距离不应小于0.8 m。户外变配电装置围墙的高度一般不应小于2.5 m。

(3)遮栏、棚栏等屏护装置上应有"止步,高压危险!"等标志。

(4)必要时应配合采用声光报警信号和联锁装置。

3. 安全间距措施

安全间距是指在带电体与地面之间、带电体与其他设施或设备之间、带电体与带电体之间保持的一定安全距离,简称间距。

设置安全间距的目的是防止人体触及或接近带电体造成触电事故,避免车辆或其他物体碰撞或过分接近带电体造成事故,防止过电压放电、电气短路事故或火灾事故,便于检修操作。

安全间距的大小取决于设备类型、电压高低、安装方式等因素。几种安全间距要求如下:

1)架空线路间距

未经相关管理部门许可,架空线路不得跨越建筑物。架空线路与有爆炸、火灾危险的厂房之间应保持必要的防火间距,且不应跨越具有可燃材料屋顶的建筑物。

几种线路同杆架设时应取得有关部门同意,而且必须保证以下要求:

(1)电力线路在通信线路上方,高压线路在低压线路上方。

(2)通信线路与低压线路之间的距离不得小于1.5 m;低压线路之间不得小于0.6 m;低压线路与10 kV 高压线路之间不得小于1.2 m。

(3)低压接户线受电端对地距离不应小于2.5 m;低压接户线跨越通车街道时,对地距离不应小于6 m;跨越通车困难的街道或人行道时,不应小于3.5 m。

(4)户内电气线路的各项间距应符合有关规程的要求和安装标准。

(5)直接埋地电缆埋设深度不应小于0.7 m。

2)设备间距

配电装置的布置,应考虑设备搬运、检修、操作和试验方便。为了工作人员的安全,配电装置需保持必要的安全通道。低压配电装置正面通道的宽度,单列布置时不应小于 1.5 m;双列布置时不应小于 2 m。

低压配电装置背面通道应符合以下要求:

(1)宽度一般不应小于 1 m,有困难时可减为 0.8 m。

(2)通道内高度低于 2.3 m 无遮栏的裸导电部分与对面墙或设备的距离不应小于 1 m;与对面其他裸导电部分的距离不应小于 1.5 m;通道上方裸导电部分的高度低于 2.3 m 时,应加遮护,遮护后的通道高度不应低于 1.9 m。

(3)配电装置长度超过 6 m 时,屏后应有两个通向本室或其他房间的出口,且其间距离不应超过 15 m。

(4)室内吊灯灯具高度一般应大于 2.5 m;受条件限制时可减为 2.2 m;如果还要降低,应该采取适当的安全措施;当灯具在桌子上方或其他人碰不到的地方时,高度可减为 1.5 m;户外照明灯具一般不低于 3 m;墙上灯具高度允许减为 2.5 m。

3)检修间距

为了防止在检修工作中,人体及其所携带工具触及或接近带电体,必须保证足够的检修间距。在低压工作中,人体及其所携带工具与带电体的距离不应小于 0.1 m。

四、漏电保护

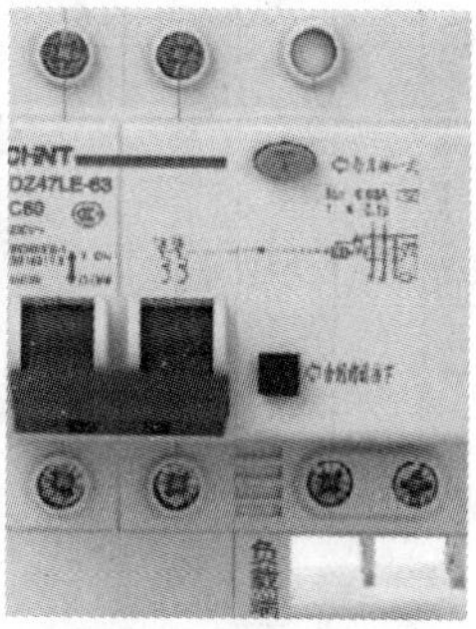

漏电保护器(又称剩余电流动作保护器)是在规定条件下当漏电电流达到或超过保护器所限定的动作电流值时,就立即在限定的时间内动作,自动断开电源进行保护,如图 1-12 所示。

漏电保护器动作灵敏,切断电源时间短,有单保护功能(纯漏电保护)和复合保护功能(兼有漏电保护和短路、过载保护)。漏电保护器除了能保护人身安全以外,还有防止电气设备损坏及预防火灾的作用。

图 1-12 漏电保护器

1. 漏电保护器的分类和工作原理

漏电保护器按其结构分为单相和三相;按照极数分为二极、三极和四极;按照工作原理可分为电压型、电流型和脉冲型。目前市售上大多数是电子式电流型漏电保护器,工作原理图如图 1-13 所示。

正常情况下,中性线上流回电源的电流与从电源流入用电电路的电流相等,电流互感器 L_1 的线圈内合磁通为零,则互感器的线圈无输出信号。

当漏电保护线路中有漏电时,则中性线上流回电源的电流应该小于从电源流入用电电路的电流值,当漏电电流达到或超过一定的程度时,电流互感器 L_1 的感应电压经过二极管 VD_1 整流以后,进行放大,会在电阻 R_3 的两端引起电压升高,当电压达到单向晶闸管 VS 的触发电压后,VS 导通,电磁脱扣器 L_2 得电断开负载电源,切断故障电路。

漏电保护器按其具有的功能大体上可分为 3 类,分别是漏电开关、漏电保护插座和漏电继电器,常见漏电保护器见表 1-7。

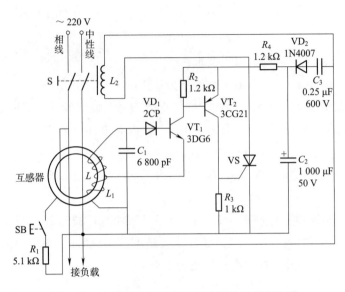

图 1-13　电子式电流型漏电保护器的工作原理图

表 1-7　常见漏电保护器

类　型	图　例	主要应用
漏电保护器		漏电保护器又称漏电开关，它不仅与其他断路器一样可将主电路接通或断开，而且具有对漏电流检测、判断和执行的功能。当主回路中发生漏电或绝缘破坏时，漏电开关可根据判断结果将主电路接通或断开。它与熔断器、热继电器配合可构成功能完善的低压开关元件
自复式漏电保护器		
漏电保护插头		将漏电开关和插座组合在一起，可构成具有对漏电电流检测和判断并能切断回路的电源插座，适用于移动电器和家用电器
漏电保护插座		

续表

类　型	图　例	主要应用
漏电保护继电器		漏电保护继电器是具有对漏电流检测和判断的功能,而不具有切断和接通主回路功能的漏电保护装置。漏电保护继电器由零序互感器、脱扣器和输出信号的辅助接点组成。它可与大电流的空气开关配合,作为低压电网的总保护或主干路的漏电、接地或绝缘监视保护。 当主回路有漏电流时,由于辅助接点和主回路开关的分离脱扣器串联成一回路,因此辅助接点接通分离脱扣器而断开空气开关,使其掉闸,切断主回路。辅助接点也可以接通声、光信号装置,发出漏电报警信号,反映线路的绝缘状况。 适用于交流 220 V/380 V、50 Hz 的电源中性点接地的电路中,当人身触电或电网漏电时能迅速分断故障电路,作为漏电(触电)保护之用,同时可保护线路和电动机的过载或短路,亦可作为线路的不频繁转换及电动机的不频繁起动

2. 漏电保护器的选用

在实际生活中,正确选择和使用漏电保护装置,将会提高电器使用的安全性,防止事故发生,从而减少由此带来的损失。漏电保护器的选用主要注意以下几点:

(1)单相 220 V 电源供电的电气设备应选用二极二线式或单极二线式漏电保护器。

(2)三相三线式 380 V 电源供电的电气设备,应选择三极式漏电保护器。

(3)三相四线式 380 V 电源供电的电气设备,或单相设备与三相设备共用的电路,应选用三极四线式、四极四线式漏电保护器。

(4)在不允许突然停电的场合(如消防用电设备),应选用只发出漏电信号(发出报警声或光信号,提示工作人员及时排除漏电故障)而不自动切断电源的漏电保护器。

(5)在浴室、游泳池、喷水池、水上游乐场等触电危险性比较大的场所,应选用额定漏电动作电流为 10 mA 快速动作的高灵敏度瞬动型漏电保护器。

(6)家用电器插座回路的设备、手持式电动工具、移动电器,应优先选用额定漏电动作电流不大于 30 mA 快速动作的漏电保护器。

(7)单台电动机设备应选用额定漏电动作电流为 30 mA 及以上、100 mA 及以下快速动作的漏电保护器。

(8)有多台设备的总保护应选用额定漏电动作电流为 100 mA 及以上快速动作的漏电保护器。

(9)安装在潮湿场所的电器设备应选用额定漏电动作电流为 15~30 mA 快速动作的漏电保护器。

(10)在金属物体上工作,操作手持式电动工具或行灯时,应选用额定漏电动作电流为 10 mA 快速动作的漏电保护器。

(11)医院中的医疗电器设备安装漏电保护器时,应选用额定漏电动作电流为 10 mA 快速动作的漏电保护器。

3. 使用漏电保护器的注意事项

（1）对使用中的剩余电流动作保护装置，应定期用试验按钮检查其动作特性是否正常。用于手持电动工具、移动式电气设备和不连续使用剩余电流动作保护装置，在每次使用前应进行试验。因各种原因停运的剩余电流动作保护装置再次使用前应进行通电试验。检查装置的动作情况是否正常，对已发现有故障的剩余电流动作保护装置应立即更换。

（2）为检验剩余电流动作保护装置在运行中的动作特性及其变化，应定期进行动作特性试验。

（3）电子式剩余电流动作保护装置根据电子元器件有限工作寿命要求，工作年限一般为6年。超过规定年限应进行全面检测，根据检测结果决定可否继续使用。

（4）运行中剩余电流动作保护器动作后，应认真检查其动作原因，排除故障后再合闸送电，严禁退出运行，私自撤除或强行送电。

五、电工安全工具

电工安全工具是保证操作者安全地进行电气工作时必不可少的工具，在不同条件下具有一定的安全作用。电工安全工具包括绝缘安全工具和一般防护工具。

绝缘安全工具分为基本安全工具和辅助安全工具。基本安全工具是指绝缘强度足以抵抗电气设备运行电压的安全工具，可分为高压基本安全工具和低压基本安全工具。低压安全基本工具主要有绝缘手套、带有绝缘柄的工具、低压验电笔等，如图1-14所示。辅助安全工具是指绝缘强度不足以抵抗电气设备运行电压的安全工具。低压设备的辅助安全工具主要有绝缘台、绝缘垫、绝缘鞋（靴）等。

  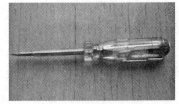

（a）绝缘手套　　　　　　（b）带有绝缘柄的工具　　　　　　（c）低压验电笔

图1-14　基本安全工具

下面介绍几种常用的低压电工安全工具。带有绝缘柄的工具和低压验电笔将在项目二中详细介绍。

1. 绝缘手套

绝缘手套可以使人的两手与带电体绝缘，防止人手触及同一电位带电体或同时触及同一电位带电体或同时触及不同电位带电体而触电。在现有的绝缘安全用具中，绝缘手套使用范围最广，用量最多。按所用的原料可分为橡胶和乳胶绝缘手套两大类。

在1 kV以下电气设备上使用时，可用作基本安全工具，即戴绝缘手套后，两手可以接触

1 kV以下的有电设备。在1 kV以上的电压区作业时,严禁使用此种绝缘手套直接接触带电设备。

使用绝缘手套时,应注意以下几点:

(1)使用时应注意防止尖锐物体刺破手套。

(2)使用后要注意存放在干燥处,并不得接触油类及腐蚀性药品等。

(3)使用经检验合格的绝缘手套每半年应检验一次。

2. 绝缘靴(鞋)

绝缘靴(鞋)作为辅助安全工具,其作用是使人体与大地绝缘,防止跨步电压触电。绝缘靴(鞋)有20 kV绝缘短靴、6 kV矿用长筒靴和5 kV绝缘鞋3种,如图1-15所示。

(a)20 kV绝缘短靴　　　　(b)6 kV矿用长筒靴　　　　(c)5 kV绝缘鞋

图1-15　绝缘靴(鞋)

(1)20 kV绝缘短靴:绝缘性能强,但对1 kV以下电压也不能作为基本安全用具,穿靴后仍不能用手触及带电体。

(2)6 kV矿用长筒靴:适用于井下采矿作业,在操作380 V及以下电压的电气设备时,可作为辅助安全用具。在低压电缆交错复杂、作业面潮湿或有积水,电气设备容易漏电的情况下,可用绝缘长筒靴防止脚下意外触电事故。

(3)5 kV绝缘鞋:又称电工鞋,在电压1 kV以下作为辅助安全用具;在1 kV以上高压操作禁止使用(应使用绝缘靴)。使用经检验合格的绝缘鞋每半年应检验一次。

3. 绝缘垫和绝缘台

绝缘垫是一种辅助绝缘用具,一般铺在配电室的地面上,增强操作人员的对地绝缘,防止接触电压与跨步电压对人体的伤害,如图1-16所示。

图1-16　绝缘垫

使用绝缘垫应注意,每半年应该采用低温肥皂水对绝缘垫清洗一次;每次使用前,均应该检查绝缘垫有无安全隐患,有隐患不能投入使用。使用经检验合格的绝缘垫每两年应检验一次。

绝缘台也是一种辅助安全用具,可用来代替绝缘垫或绝缘鞋。一般用干燥、木纹直且无节的木板拼成。使用经检验合格的绝缘台每三年应检验一次。

4. 标示牌

在电气检修工作中,应按停电→验电→挂接地线→悬挂标示牌等操作步骤,做好电气作业的安全技术措施。

按照标示牌的作用可以分为禁止类标示牌、警告类标示牌、指令类标示牌、提示类标示牌四类。标示牌是用于提醒人员注意或按标志上注明要求去执行,保障人身安全和设施安全的重要措施。一般设置在光线充足、醒目、稍高于视线的地方。

1) 禁止类标示牌

禁止类标示牌用于禁止人们不安全行为,其基本形式为带斜杠的圆形框。圆形和斜杠为红色,图形符号为黑色,衬底为白色。部分禁止类标示牌见表1-8。

表1-8 部分禁止类标示牌

名 称	标示牌	悬 挂 处
禁止合闸 有人工作		标示牌应悬挂在:一经合闸即可送电到施工设备的开关和刀闸的操作手柄上。检修设备挂此牌
禁止合闸 线路有人工作		标示牌应悬挂在:一经合闸即可送电到施工线路的线路开关和刀闸的操作手柄上。检修线路挂此牌
禁止分闸		对由于设备原因,接地刀闸与检修设备之间连有断路器,在接地刀闸和断路器合上后,在断路器操作把手上,应悬挂"禁止分闸"的标示牌
禁止攀登 高压危险		(1)高压配电装置构架上变压器、电抗器等设备的爬梯上应悬挂"禁止攀登高压危险"的标示牌。 (2)在临近其他可能误登的带电构架上应悬挂"禁止攀登 高压危险"的标示牌

2) 警告类标示牌

警告类标示牌用于提醒人们对周围环境引起注意,以避免可能发生的危险,其基本形式是正三角形边框。三角形边框及图形符号为黑色,衬底为黄色。部分警告类标示牌见表1-9。

表 1-9　部分警告类标示牌

名　称	标示牌	悬　挂　处
止步 高压危险	 (止步 高压危险标志)	(1)在室内高压设备上工作,应在工作地点两旁及对面运行设备间隔的遮拦(围栏)上和禁止通行的过道遮拦(围栏)上悬挂"止步 高压危险"的标示牌。 (2)高压开关柜内手车开关拉出后,隔离带电部位的挡板封闭后禁止开启并设置"止步 高压危险"的标示牌。 (3)在室外构架上工作,则应在工作地点邻近带电部分的横梁上,悬挂"止步 高压危险"的标示牌
已接地	 (已接地标志)	悬挂在已接地线设备、线路的开关和刀闸操作手柄上

3)指令类标示牌

指令类标示牌用于强制人们必须做出某种动作或采用防范措施;其基本形式是圆形边框。图形符号为白色,衬底色为蓝色。部分指令类标示牌见表1-10。

表 1-10　部分指令类标示牌

名　称	标示牌	悬　挂　处
必须穿戴绝缘保护用品	 (必须穿戴绝缘保护用品标志)	悬挂在电气设备作业地点处
必须用防护装置	 (必须用防护装置标志)	悬挂在发电企业各生产车间的主要通道入口处;悬挂在变电所的入口处;悬挂在检修或施工设备的围栏入口处

4)提示类标示牌

提示类标示牌用于向人们提供某种信息(如标明安全设施或场所等)。其基本形式是正方形边框。图形符号为白色,衬底色为绿色。部分提示类标示牌见表1-11。

表 1-11　部分提示类标示牌

名　称	标示牌	悬　挂　处
在此工作	 在此工作	工作地点或检修设备上,悬挂"在此工作"的标示牌
从此上下	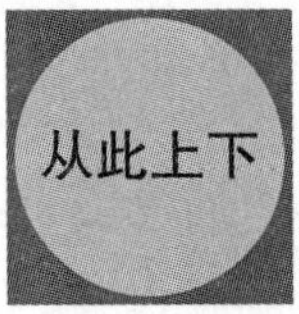 从此上下	作业人员可以上下的铁架、爬梯上,应悬挂"从此上下"的标示牌
从此进出	 从此进出	室外工作地点围栏的出入口处,悬挂"从此进出"的标示牌

学习任务三　触电急救

一、脱离电源方法

1. 触电者脱离电源的方法

人触电以后,可能由于痉挛、失去知觉或中枢神经失调而紧抓带电体,不能自行脱离电源。帮助触电者尽快脱离电源是救活触电者的首要因素。触电者脱离低压电源的五字口诀"拉,切,挑,拽,垫"。脱离电源的方法见表 1-12。

表 1-12　脱离电源的方法

口诀	方　法	操作图示
拉	如果触电地点附近有电源开关或电源插销,可立即拉开开关或拔出插销,取下熔断器。应注意,拉线开关和翘板开关只控制一条线,如错误地安装在中性线上,则断开开关只能切断负荷而不能断开电源	

续表

口诀	方 法	操作图示
切	当电源开关或电源插销距触电现场较远,或者断开电源有困难时,可用带绝缘柄的电工钳或用有干燥手柄的斧头等切断电线。应注意,切断时应防止带电电线断落触及其他人	 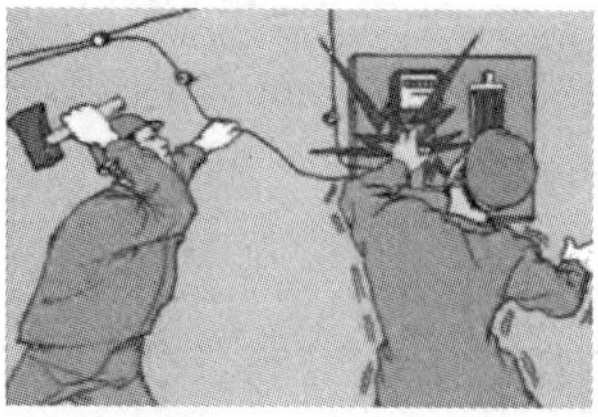
挑	当电线搭落在触电者身上或被压在身下时,可用干燥的木棒、竹竿等挑开电线。应注意,千万不能把电线挑到人身上	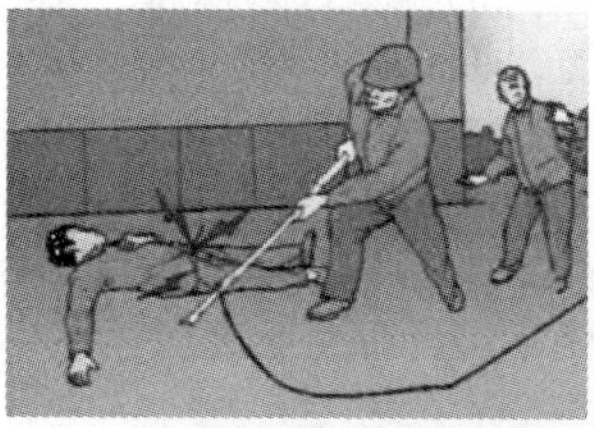 
拽	(1)救护者可戴上手套或在手上包缠干燥的衣物等绝缘物品拖拽触电者,使之脱离电源。 (2)如果触电者的衣物是干燥的又没有紧缠在身上,救护者才可用一只手抓住触电者的衣物,将其拉开脱离电源。应注意,不能拽触电者的脚和手;不能用两只手拽触电者	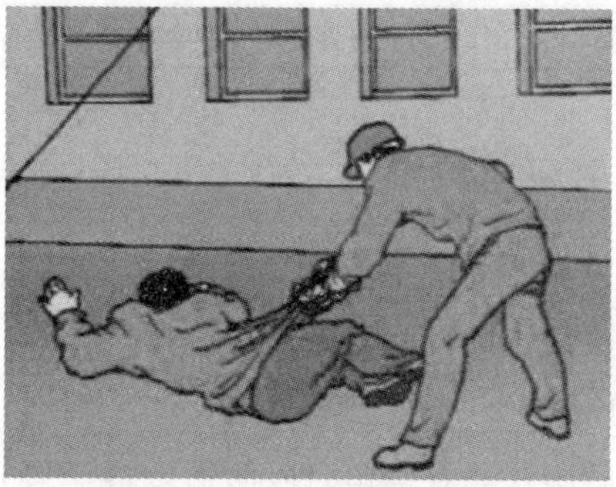
垫	如果触电者由于痉挛,手指紧握电线或电线缠在身上,可先用干燥的木板塞进触电者的身体,使其与地绝缘,然后再采取其他办法切断电源	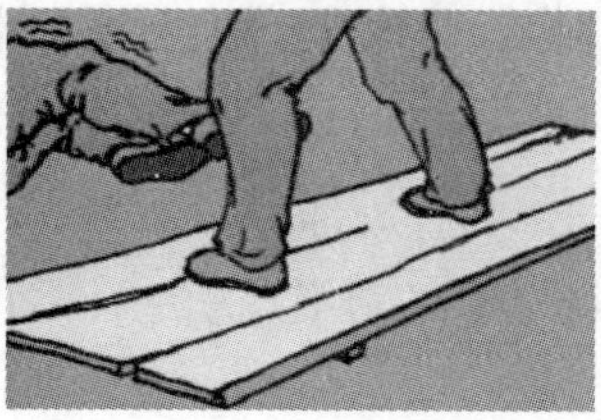 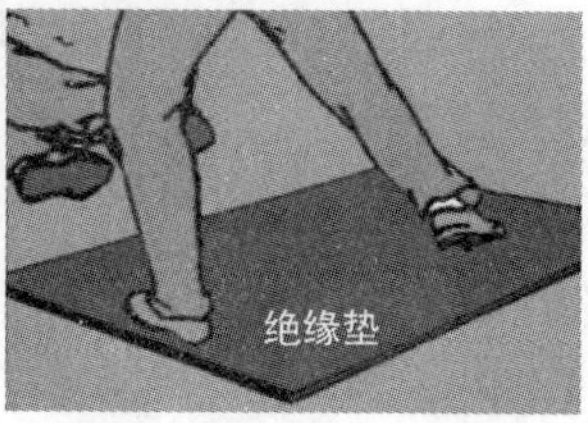

救护触电者脱离电源时应注意以下事项:

(1)救护者不可直接用手或其他金属及潮湿的物件作为救护工具,必须使用适当的绝缘工具。

(2)一般情况下,救护者应单手操作,以防自己触电。

(3)防止触电者脱离电源后可能的摔伤,特别是当触电者在高处的情况下,应考虑防摔措施;即使触电者在平地,也应注意触电者倒下的方向有无危险。

(4)夜间发生触电事故,应迅速解决临时照明问题。

(5)实施紧急停电应考虑到防止扩大事故的可能性。

2. 触电抢救的原则

触电后 1 min 内抢救,90% 能救活;1~4 min 内抢救,60% 能救活;超过 10 min 抢救,获救的概率就很小了。触电现场抢救有八字原则:迅速、就地、准确和坚持,其含义见表1-13。

表1-13 触电现场抢救八字原则

原 则	说 明
迅速	争分夺秒使触电者脱离电源。 (1)脱离电源的方法视具体情况而定,例如,迅速拉开电源刀闸;用绝缘竹竿挑开断落低压电线。 (2)如遇高压线断落,要迅速用电话通知供电局停电,然后才能抢救。 (3)除了设法使触电者迅速脱离电源外,还包括迅速检查症状、迅速就地抢救、迅速拨打120电话求救等措施
就地	触电者脱离电源后,必须在现场附近就地正确抢救,并设法联系医疗部门接替救治,千万不要长途送往医院抢救,以免耽误最佳抢救时间
准确	人工呼吸法和胸外心脏按压法的动作、部位必须准确。如果不准确,要么救生无望,要么把触电者的胸骨压断
坚持	只要有百分之一的希望,就要尽百分之百的努力去抢救。有救了7 h 才把触电者救活的案例

二、触电急救方法

当触电者脱离电源后,应根据触电者的具体情况,迅速地对症救治。现场应用的主要方法是人工呼吸法和胸外心脏按压法。

1. 口对口(鼻)人工呼吸法

人工呼吸法是在触电者呼吸微弱甚至停止,但心跳尚存的情况下所采用的急救方法。急救方法及动作要领如下:

(1)使触电者伸直、仰卧在平地上,解开领口松衣裳,如图1-17所示。

(2)张口捏鼻手抬颏。将触电者头部尽量后仰,鼻孔朝天,颈部伸直。救护者一只手捏紧触电者的鼻孔,另一只手掰开触电者的嘴巴。

图1-17 触电者仰卧在平地上

(3)贴嘴吹气看胸张。救护者深吸气后,紧贴着触电者的嘴巴大口吹气,使其胸部膨胀;之后救护者换气,放松触电者的嘴鼻,使其自动呼气,如图1-18所示。如此反复进行,吹气 1 s 以上,停 3 s,5~6 s 一个周期(儿童 3~5 s 一个周期)。如果嘴巴掰不开,可向鼻孔吹气。

2. 胸外心脏按压法

胸外心脏按压法是在触电者有呼吸,但心脏跳动停止的情况下所采用的急救方法。做胸外心脏按压时应使触电者仰卧在比较坚实的地方,姿势与口对口(鼻)人工呼吸法相同。触电者心脏跳动停止后,可以先用拳缘敲击心脏部位几次。如不能使其心脏恢复跳动,应持续胸外心脏按压抢救。胸外心脏按压抢救方法如图1-19所示,抢救方法及动作要领如下:

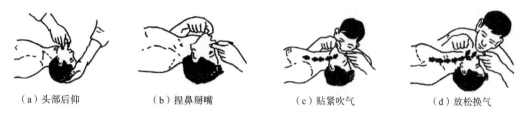

图1-18 口对口人工呼吸动作要领

(1)使触电者仰卧在硬地上或硬板床上,并使其身体整体翻转,注意使触电者的头、颈、身体同轴转动,保护颈部。

(2)救护者应紧靠患者胸部一侧,为保证按压时力量垂直作用于胸骨,救护者可根据患者所处位置的高低采用跪式。

(3)按压位置:为了快速确定按压位置,可采取两乳头连线中点的办法。

(4)胸外按压的方法:救护者双手掌根同向重叠,十指相扣,掌心翘起,手指离开胸膛,双臂伸直,上半身前倾,以膝关节为支点,垂直向下用力,借助上半身的体重和肩臂部肌肉的力量进行按压。

(5)按压深度:成人不少于5 cm不超过6 cm。按压频率为100~120次/min,尽可能减少停顿。注意:抢救儿童用单手按压,100~120次/min,5 cm深度。

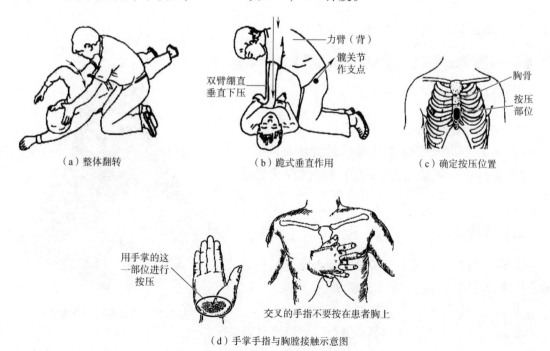

图1-19 胸外心脏按压抢救方法

3. 口对口人工呼吸和胸外心脏按压法并用

如果触电者的呼吸和心脏跳动都停止了，应当交替或同时运用这两种急救方法。如果现场仅一人抢救，两种方法应交替进行，按压通气比是30∶2，即按压心脏30次，再吹气2次，而且吹气和按压的速度可以提高一些，以保证抢救效果。

注意：婴儿或儿童在双人复苏时，按压通气比是15∶2，即按压心脏15次，再吹气2次，而且吹气和按压的速度可以提高一些。

4. 急救注意事项

（1）应当尽快就地开始抢救，而不能等候医生的到来。

（2）应当坚持不断，持续地施行人工呼吸和胸外心脏按压进行抢救；不可轻率中止抢救，运送医院途中原则上不能中止抢救。

（3）对于与触电同时发生的外伤，应分情况酌情处理。对于不危及生命的轻度外伤，可放在触电急救之后处理；对于严重的外伤，应与人工呼吸和胸外心脏按压同时处理。

（4）慎重使用肾上腺素。对于用心电图仪观察尚有心脏跳动的触电者不得使用肾上腺素。只有在触电者已经经过人工急救，经心电图仪鉴定心脏确已停止跳动，又具备心脏除颤装置的条件下，才可考虑注射肾上腺素。

操作任务一　电工绝缘手套的检查和使用

一、操作目的

通过本操作任务的学习，能够掌握绝缘手套的使用方法。

二、操作准备

（1）绝缘手套若干。

（2）电工工作服、安全帽、绝缘手套、绝缘鞋。

（3）操作人员熟悉绝缘手套的检查内容及使用要求。

三、操作步骤

步骤一：首先检查每只绝缘手套是否贴有耐压试验合格证，并在有效期内，如图1-20所示。

步骤二：检查外观。要求无破损、脏污。

步骤三：采用压气法检验是否漏气。将手套从伸入处，手背手心分开兜进风后，马上对叠齐再用力卷起时，手指内部的空气不能外溢，当卷到一定程度时，内部空气因体积减小，压力增大，手指鼓起，此时一只手攥住卷口，另一只手握紧每个

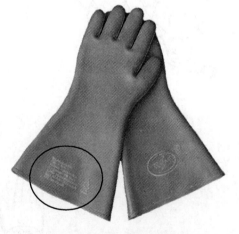

图1-20　绝缘手套的合格证

手指,并配合耳朵听来检查是否有漏气声音,如图 1-21 所示。若发现有漏气现象,说明绝缘手套有沙眼、裂缝不能使用。注意:一定要两只手套都检查,不能只检查一只,且佩戴时必须是一双。

步骤四:正确穿戴使用绝缘手套。必须将工作服袖口系好也穿进绝缘手套中,这样才能起保护作用,如图 1-22 所示。

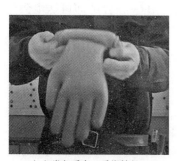
(a)卷起手套,手指鼓起

(b)放置耳边,判断是否漏气

图 1-21 压气法检验

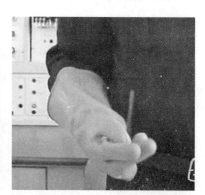

图 1-22 正确佩戴绝缘手套

四、操作考核

表 1-14 中第 1 项为否定项,未查合格标识则实操不合格。

表 1-14 操作考核

序 号	考核要点	操作要点	得 分
1	查合格标识	有试验合格标识	
2	查有效期	合格手套有效期为 6 个月内	
3	查外观	外观要求无破损、脏污	
4	检查漏气	采用压气法检验	
5	正确使用	衣服袖口进入手套	
		合　　计	

操作任务二　标志牌的使用

一、操作目的

通过本操作任务的学习,能够掌握各类型安全标示牌的使用。

二、操作准备

(1)安全标示牌若干。

(2)操作人员手干净、不潮湿。

(3)电工工作服、安全帽、绝缘手套、绝缘鞋。

(4)模拟停电检修现场。

(5)操作人员熟悉安全标示牌的类型和使用。

三、操作步骤

步骤一:设备检修时,应选择"禁止合闸 有人工作"标示牌,悬挂在一经合闸即可送电到施工设备的开关和刀闸的操作手柄上,如图1-23所示。

图1-23 悬挂"禁止合闸 有人工作"标示牌

步骤二:线路检修时,应选择"禁止合闸 线路有人工作"标示牌,悬挂在一经合闸即可送电到施工线路的线路开关和刀闸的操作手柄上,如图1-24所示。

步骤三:已挂接地线时,应选择"已接地"标示牌,悬挂在看不到接地线的设备上,如图1-25所示。

图1-24 悬挂"禁止合闸 线路有人工作"标示牌

图1-25 悬挂"已接地"标示牌

四、操作考核

表1-15中第1项至第3项,任一项悬挂标志牌出现错误,则实操不合格。

表1-15 操作考核

序 号	考核要点	操作要点	得 分
1	设备检修	应挂"禁止合闸 有人工作"标示牌	
2	线路检修	应挂"禁止合闸 线路有人工作"标示牌	
3	已挂接地线	应挂"已接地"标示牌	
合　计			

操作任务三　触电急救的五项操作

一、操作目的

通过本操作任务的学习,能够掌握触电急救的五项操作步骤。

二、操作准备

(1)干燥木棍、干燥木板、带绝缘手柄的电工钳或带绝缘手柄的斧头、人体模特等急救工具。
(2)电工工作服、安全帽、绝缘手套、绝缘鞋。
(3)操作人员手干净不潮湿。
(4)操作人员熟悉触电急救知识及低压火灾应急处置方法。

三、操作步骤

步骤一:脱离电源。触电者能否尽快脱离电源最为关键,应会根据触电现场情况正确运用五字口诀"拉、切、挑、拽、垫"的脱离低压电源方法,具体操作见表1-12。

步骤二:体征判断。切断电源后,应立即对触电者进行检查和判断,以确定触电者的意识、呼吸、心跳是否存在,瞳孔是否扩大,每项检查在5～10 s以内。在进行体征判断之前,要首先判断触电者的意识,采用"摇肩膀、喊名字、掐人中"的方法来判断意识是否存在。

(1)如果触电者神志清醒、伤势不重,但有些心慌、四肢发麻、全身无力,或触电者曾一度昏迷,但已清醒过来,应使其就地躺平、安静休息、不要站立或走动,注意观察并请医生前来治疗或送往医院。

(2)如果触电者神志不清醒、伤势较重,应呼叫触电者或轻拍其肩部,并进行呼吸检查、心跳检查和开放气道。注意:禁止用摇动触电者头部的方式来呼叫触电者。

①呼吸检查。正确用"看、听、感觉"的方法判断触电者的呼吸是否存在,即救护者靠近并跪在触电者的一侧,将脸、耳朵,贴近触电者的嘴巴、鼻孔,眼睛注视触电者的胸、腹部。这里的

"看"就是看触电者的胸、腹部是否随呼吸上下起伏;"听"就是用耳朵听触电者是否有呼吸时气体流动的声音;"感觉"就是脸部是否有触电者呼气时,气体流动的吹拂感。

②心跳检查。用摸颈动脉的方法确定心跳的存在。颈动脉位于气管喉结两侧 2~3 cm 凹陷处,位置浅容易触摸。救护人员可将中指食指合拢,指尖从喉结处向颈外侧(任意一侧)气管旁的软组织处触摸。

③开放气道。开放气道通常要做到:解开衣领、松开裤带、清除口中异物。其中,清除口中异物时,轻轻将头侧转,用食指挖出口中的呕吐物、假牙等。清除完毕,将头扶正。抬颈按额时,救护者一手放在触电者前额,掌根下压额头,另一手托其颈部,使头部后仰。而抬颏按额时,救护者一手放在触电者前额,掌根下压额头,另一手中食指并拢,指尖抵于颏部,并将颏部抬起,使头部后仰。

如果触电者心脏跳动和呼吸尚未中断,应使触电者安静地平卧,保持空气流通以利触电者呼吸。如天气寒冷,应注意保温并严密观察,速请医生治疗或送往医院。

如果发现触电者呼吸困难、稀少或发生痉挛,应准备心脏跳动停止或呼吸停止后立即做进一步抢救。

步骤三:人工呼吸。如果触电者伤势严重、呼吸停止或心脏跳动停止,或二者都已停止,应立即施行人工呼吸和胸外心脏按压急救,并同时速请医生治疗和呼叫救护车送往医院。

(1)保持气道开放,救护者用放在触电者前额手的拇指和食指捏紧触电者的鼻翼,吸一口气,用双唇包严伤病员的口唇,缓慢持续将气体吹入,吹气时间为 1 s 以上,同时观察触电者胸部隆起。

注意:若是口对鼻人工呼吸,则应封住口唇。

(2)吹气完毕,救护者松开捏鼻翼的手,侧头吸入新鲜空气并观察触电者的胸部有无下降,听、感觉触电者的呼吸情况,准备进行下次吹气。连续进行两次吹气,确认气道通畅,再进行有效的人工呼吸。

成人每 5~6 s 吹气一次,10~12 次/min(儿童 12~20 次/min),每次吹气均要保证足够量的气体进入并使胸廓隆起,每次吹气时间 1 s 以上。

一般情况下,应用口对口人工呼吸法,如果无法使触电者嘴巴张开,可改用口对鼻人工呼吸法。

步骤四:胸外心脏按压。

(1)救护者应快速确定按压位置,可采取两乳头连线中点的办法。

(2)救护者双手掌根同向重叠,十指相扣,掌心翘起,手指离开胸膛,双臂伸直,上半身前倾,以膝关节为支点,垂直向下、用力、有节奏地按压 30 次。按压与放松的时间相等,下压深度为 5~6 cm(儿童应减少深度),放松时保证胸壁完全复位,按压频率为 100~120 次/min。

重要提示,如果人工呼吸和胸外心脏按压并用,按压与通气之比为 30:2(儿童为 15:2),做 5 个循环后,可以观察一下触电者的呼吸和脉搏。

注意:如果触电后又摔伤的触电者,应就地平躺,保持脊柱在伸直状态,不得弯曲。如果需要搬运,应使用硬木板保持平躺,使触电者身体处于平直状态,避免脊椎受伤。

步骤五:电器火灾灭火。

(1)选灭火器。如果火灾是电器火灾,应选用干粉或二氧化碳灭火器。

(2)查有效期。选好灭火器后,应检查灭火器的有效期,确保其在有效期内。

(3)使用灭火器灭火:

①一手扶着灭火器,先除掉铅封,再拉出保险销。

②站在上风处,对准火焰根部,按下压把左右扫射。

四、操作考核

表 1-16 中第 1 项为否定项,未使触电者脱离电源则实操不合格。

表 1-16 操作考核

序 号	考核要点	操作要点	得 分
1	脱离电源	正确运用五字口诀"拉、切、挑、拽、垫"的脱离低压电源方法	
2	体征判断	看胸腹部有无起伏状;听口鼻处有无呼气声音;感觉口鼻有无呼气气流	
		试颈动脉有无搏动	
		头部向后仰;松领口和皮带;清口腔异物	
3	人工呼吸	口对口应捏鼻,口对鼻应封口鼻;成人每 5~6 s 吹气一次,每分钟 10~12 次(儿童每分钟 12~20 次)	
4	胸外心脏按压	按压位置为两乳头连线中点;采用跪式;双手掌根同向重叠,十指相扣,掌心翘起,手指离开胸膛,双臂伸直,上半身前倾,以膝关节为支点,垂直向下、用力、有节奏地按压;下压深度为 5~6 cm(儿童减少深度);按压频率为 100~120 次/min	
5	使用灭火器	选用干粉或二氧化碳灭火器;在有效期内;拉出保险销,站在上风处,对准火焰根部,按下压把左右扫射	
合 计			

项目二

常用电工工具和电工仪表的使用

电工工具和电工仪表是低压电工工作中不可缺少的重要工具,熟练使用常用电工工具和电工仪表是学习低压电工技术、训练电工技能的基础。本项目着重介绍一些常用电工工具和电工仪表的结构、功能、工作原理、使用方法及注意事项。

学习目标

1. 知识目标

(1)掌握验电笔、电工刀、螺丝刀、钢丝钳、尖嘴钳、斜口钳、压接钳、扳手等常用电工工具的结构、功能、工作原理和使用方法。

(2)掌握万用表、兆欧表、钳形电流表等常用电工仪表的结构、功能、工作原理和使用方法。

2. 能力目标

(1)会使用低压验电笔,判别设备是否有电、估计电压的高低等。

(2)会使用模拟式和数字万用表,测量设备的电阻、电压等电参量。

(3)会使用兆欧表测量设备的绝缘电阻。

(4)会使用钳形电流表测量设备的电流。

3. 素质目标

(1)培养严谨、认真和负责的工作态度。

(2)形成一定的安全意识和责任意识。

学习任务一　常用电工工具使用

常用电工工具有验电笔、电工刀、螺丝刀、钢丝钳、尖嘴钳、压接钳、扳手等工具。电工应能安全、熟练地使用各种电工工具。使用各种工具前均应检查其是否完好。

一、低压验电器的使用

为能直观地确定设备、线路是否带电,使用验电器是一种既方便又简单的方法。验电器是一种电工常用的工具,如图2-1、图2-2所示。

项目二 常用电工工具和电工仪表的使用

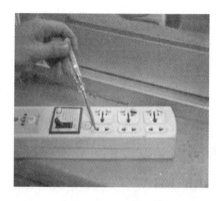

图 2-1 低压验电器

图 2-2 高压验电器

低压验电器又称试电笔,有笔式和数字式两种,检测范围为 60~500 V,有钢笔式、旋具式和组合式多种。低压验电器只能在 380 V 及以下的电压系统和设备上使用,当用低压验电器的笔尖接触低压带电设备时,氖管即发出红光。电压越高发光越亮,电压越低发光越暗。因此从氖管发光的亮度可判断电压高低。

低压验电器主要由探头(笔尖)、笔身、弹簧、氖管和电阻等部分组成,如图 2-3 所示。

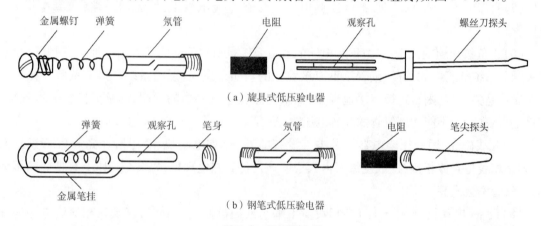

(a) 旋具式低压验电器

(b) 钢笔式低压验电器

图 2-3 低压验电器

弹簧与后端外部的金属部分相接触,使用时手应触及后端金属部分。使用低压验电器时,笔尖接触低压带电设备;在测试低压验电器时,必须按照图 2-4 所示的方法把笔握好,注意手指必须接触笔尾的金属体(钢笔式)或测电笔顶部的金属螺钉(旋具式)。此时电流经带电体、电笔、人体到大地形成了通电回路,只要带电体与大地之间的电位差超过 60 V 时,电笔中的氖管就能发出红色的辉光,根据氖管发光的亮度可判断电压的高低。

1. 低压验电器的几种用法

(1) 相线与中性线的区别:在交流电路里,当低压验电器触及导线(或带电体)时,发亮的是相线,正常情况下,中性线不发亮。

(2) 交流电与直流电的区别:交流电通过低压验电器时,氖管里的两个极同时发亮。直流电通过验电笔时,氖管里只有一个极发亮。

31

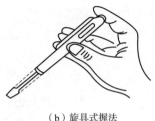

(a)钢笔式握法　　　　　　　　(b)旋具式握法

图 2-4　低压验电器的握法

(3)电压高低的区别:可以根据氖管发亮的强弱来估计电压的大约数值。因为在低压验电器的使用电压内,电压越高,氖管越亮,如氖管发暗红,轻微亮,则电压低;如氖管发黄红色,很亮,则电压高。

(4)识别相线接地故障:在三相四线制电路中,发生单相接地后,用低压验电器测试中性线,氖管会发亮;在三相三线制星形连接电路中,用低压验电器测试三根相线,如果两根比通常稍亮,而另一根暗一些,则较暗的相线有接地现象;如果两根很亮,而另一相几乎看不见亮或不亮,则不亮这一相有金属接地。

(5)直流电正负极的区别:把低压验电器连接在直流电极上,发亮的一端(氖管电极)为负极。

(6)正负极接地的区别:发电厂和电网的直流系统是对地绝缘的。人站在地上,用低压验电器去触及系统的正极或负极,氖管是不应该发亮的。如果发亮,说明系统有接地现象。如果亮点在靠近笔尖一端,则是正极有接地现象;如果亮点在靠近手指的一端,则是负极有接地现象。若接地现象微弱,不能达到氖管的起辉电压时,虽有接地现象,氖管仍不会发亮。

(7)相线碰壳:用低压验电器触及电气设备的外壳(如电动机、变压器外壳等),若氖管发亮,则是相线与壳体相接触(或绝缘不良),说明该设备有漏电现象;如果在壳体上有良好的接地装置,氖管不会发亮。

(8)设备(电动机、变压器等)各相负荷不平衡或内部匝间、相间短路及三相交流电路中性点移位时,用低压验电器测量中性点,就会发亮。这说明该设备的各相负荷不平衡,或者内部有匝间或相间短路。上述现象,只在故障较为严重时才能反映出来。因为低压验电器要达到一定程度的电压以后,才能起辉。

(9)线路接触不良或不同电气系统互相干扰时,低压验电器触及带电体氖管闪亮,则可能是线头接触不良,也可能是两个不同的电气系统互相干扰。这种闪亮现象,在照明灯上能很明显地看出来。

2. 低压验电器的使用注意事项

(1)测试带电体前,一定先要测试已知有电的电源,以检查低压验电器中的氖管能否正常发光。

(2)在明亮的光线下测试时,往往不易看清氖管的辉光,应当避光检测。

(3)验电时,应使低压验电器逐渐靠近被测物体,直至氖管发亮,不可直接接触被测物体。

(4)低压验电器的金属探头多制成螺丝刀形状,它只能承受很小的扭矩,使用时应特别注意,以防损坏。

(5)验电时,手指必须触及笔尾的金属体,否则带电体也会误判为非带电体。

(6)验电时,要防止手指触及笔尖的金属部分,以免造成触电事故。

拓展知识:数字感应测电笔

数字感应测电笔是近年来出现的一种新型电工工具。它通过在绝缘皮外侧利用电磁感应探测,并将探测到的信号放大后利用 LCD 显示来判断物体是否带电。其具有安全、方便、快捷等优点。图 2-5 所示为数字感应测电笔。

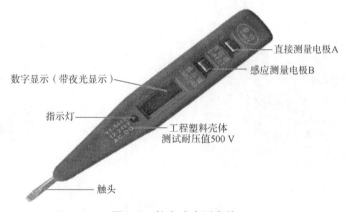

图 2-5 数字感应测电笔

1. 直接测量

按住 A 键,将螺丝刀接触带电体,数字感应测电笔的显示器上将分段显示电压,最后显示数字为所测电路电压等级,如图 2-6 所示。

2. 间接测量

按住 B 键,将螺丝刀靠近电源线,如果电源线带电,数字感应测电笔的显示器上将显示高压符号,可用于隔着绝缘层分辨中性线和相线、确定电路断点位置,如图 2-7 所示。

图 2-6 直接测量

图 2-7 间接测量

注意：

（1）不管电笔上如何印字，离液晶屏较远的为直接测量键；离液晶屏较近的为感应测量键。

（2）数显感应测电笔适用于直接检测 12～250 V 的交直流电和间接检测交流电的中性线、相线和断点。还可测量不带电导体的通断。

二、电工螺丝刀的使用

电工螺丝刀俗称"起子"，又称螺钉旋具，是用来旋紧或起松螺钉的工具。常见有一字型和十字型，如图 2-8 所示。电工螺丝刀常用规格有 50 mm、75 mm、100 mm、125 mm、150 mm 等。

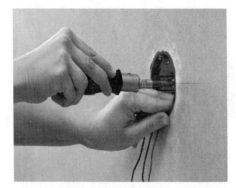
（a）电工螺丝刀的使用

（b）电工螺丝刀

图 2-8　电工螺丝刀

使用电工螺丝刀应注意下面几点：

（1）根据螺钉大小及规格选用相应尺寸的电工螺丝刀，否则容易损坏螺钉与电工螺丝刀。

（2）带电操作时，不能使用穿心电工螺丝刀进行电工操作，否则易造成触电事故。穿心电工螺丝刀外形如图 2-9 所示。

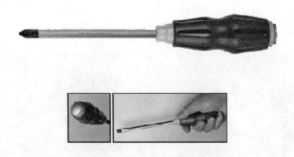

图 2-9　穿心电工螺丝刀

（3）电工螺丝刀手柄要保持干燥清洁，以免带电操作时发生漏电。

（4）电工螺丝刀不能当錾子用，如图 2-10 所示。

（5）使用时应将头部顶牢螺钉槽口，防止打滑而损坏槽口。

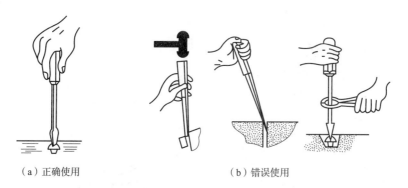

（a）正确使用　　　　　　　　　　　　　（b）错误使用

图 2-10　电工螺丝刀的使用

三、电工刀的使用

1. 用途及规格

电工刀在电工安装维修中主要用来剖削导线的绝缘层、电缆绝缘、木槽板等，规格有大号、小号之分；大号刀片长 112 mm，小号刀片长 88 mm，如图 2-11 所示。

图 2-11　电工刀

2. 使用及注意事项

（1）使用电工刀时应将刀口朝外剖削，防止伤手，如图 2-12 所示。

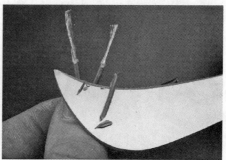

图 2-12　电工刀的使用

（2）剖削导线绝缘层时，为防止割伤导线，刀面与导线的角度不得过大，切入时约 45°，推削时约 15°，以免割伤线芯，如图 2-13 所示。

(3)使用后要及时把刀身折入刀柄内,以免刀刃受损或危及人身、割破皮肤。

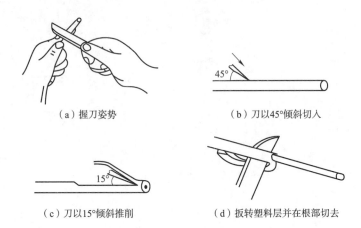

图 2-13 用电工刀剖削导线

四、电工钳的使用

1. 钢丝钳

1)钢丝钳的结构和用途

钢丝钳又称克丝钳,是电工应用最频繁的工具。常用的规格有 150 mm、175 mm 和 200 mm 3 种。

电工钢丝钳由钳头和钳柄两部分组成。钳头由钳口、齿口、刀口和铡口 4 部分组成。它的功能较多,钳口用来弯铰或钳夹导线线头,齿口可代替扳手用来旋紧或起松螺母,刀口用来剪切导线、剖切导线绝缘层或掀拔铁钉,铡口用来铡切导线线芯和钢丝、铝丝等较硬的金属。其结构如图 2-14 所示。电工所用的钢丝钳,在钳柄上应套有耐压为 500 V 以上的塑料绝缘套。

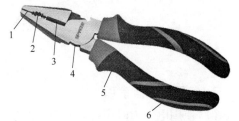

图 2-14 电工钢丝钳的结构
1—钳口;2—齿口;3—刀口;
4—铡口;5—绝缘套;6—钳柄

2)使用钢丝钳的注意事项

(1)使用电工钢丝钳之前,必须检查绝缘套的绝缘是否完好,如绝缘损坏,不得带电操作,以免发生触电事故。

(2)使用电工钢丝钳,要使钳口朝内侧,便于控制钳切部位。

(3)钳头不可代替锤子作为敲打工具使用,如图 2-15 所示。

(4)钳头的轴销上应经常加机油润滑。

(5)用电工钢丝钳剪切带电导线时,不得用刀口同时剪切相线和中性线,或同时剪切两根相线,以免发生短路事故。

图 2-15 钢丝钳的错误用法

2. 尖嘴钳

尖嘴钳也是电工(尤其是内线电工)常用的工具之一,如图 2-16 所示。尖嘴钳的主要用途是夹捏工件或导线,或用来剪切线径较细的单股与多股线以及给单股导线接头弯圈、剥塑料绝缘层等。尖嘴钳特别适宜于狭小的工作区域,如图 2-17 所示。规格有 130 mm、160 mm、180 mm 3 种。电工用的带有绝缘导管,绝缘柄耐压为 500 V,使用方法及注意事项与钢丝钳基本类同。

图 2-16 尖嘴钳

(a) 弯曲导线　　　　　(b) 剪切导线　　　　　(c) 夹捏小垫片

图 2-17 尖嘴钳的使用

使用尖嘴钳应注意以下几点:

(1) 不可使用绝缘手柄已损坏的尖嘴钳切断带电导线。

(2) 操作时,手离金属部分的距离应不小于 2 cm,以保证人身安全。

(3) 因钳头尖细,又经过热处理,钳夹物不可太大,用力切勿过猛,以防损坏钳头。

(4) 钳子使用后应清洁干净。钳轴要经常加油,以防生锈。

3. 断线钳

断线钳又称斜口钳,钳柄有铁柄、管柄和绝缘柄 3 种形式,其中电工用的绝缘断线钳的外形如图 2-18 所示,其

图 2-18 断线钳

耐压为 1 000 V。断线钳是专供剪断较粗的金属丝、线材及导线电缆用的。

4. 剥线钳

剥线钳是内线电工、电机修理、仪器仪表电工常用的工具之一。剥线钳适用于直径 3 mm 及以下的塑料或橡胶绝缘电线、电缆芯线的剥皮。剥线钳使用的方法是:将待剥皮的线头置于钳头的某相应刃口中,用手将两钳柄果断地一捏,随即松开,绝缘皮便与芯线脱开。它由钳口和手柄两部分组成。剥线钳钳口分有 0.5~3 mm 的多个直径切口,用于不同规格线芯线径相匹配,剥线钳也装有绝缘套。剥线钳在使用时要注意选好刀刃孔径,当刀刃孔径选大时难以剥离绝缘层;当刀刃孔径选小时又会切断芯线,只有选择合适的孔径才能达到剥线钳的使用目的。剥线钳的外形如图 2-19 所示。

图 2-19 剥线钳的外形

5. 压线钳

压线钳是用来压制导线"线鼻子"(接线端子)的专用工具,如图 2-20、图 2-21 所示。

图 2-20 压线钳

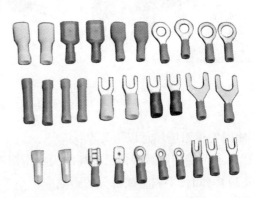

图 2-21 线鼻子

压线钳的使用方法和步骤有以下几点:

(1)首先检查线鼻子与导线规格是否配合。

(2)将导线进行剥线处理,裸线长度要合适。

(3)将导线插入线鼻子管内,注意线头的裸露部分不超过 2 mm。

(4)放置在合适的压线槽内,用压线钳压紧线鼻子管子,如图 2-22 所示。

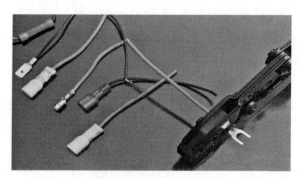

图 2-22　压线钳的使用

五、扳手的使用

扳手是用来紧固、拆卸螺纹连接的工具。扳手种类很多,有活扳手、呆扳手、梅花扳手、套筒扳手、内六角扳手等。

活扳手由头部和柄部组成,如图 2-23 所示。头部由活扳唇、呆扳唇、蜗轮等组成。旋动蜗轮可调节扳口的大小。它的开口宽度可在一定范围内调节,其规格以长度乘最大开口宽度来表示。电工常用的活扳手有 150 mm × 19 mm、200 mm × 24 mm、250 mm × 30 mm 和 300 mm × 36 mm 4 种规格。

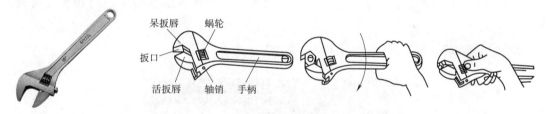

图 2-23　活扳手

呆扳手的扳口不能调节,其规格用扳口表示。梅花扳手都是双头扳手,其工作部分为封闭圆环,圆环内分布了 12 个可与六角螺钉或螺母相配的牙。梅花扳手适应于工作空间狭小的场合。套筒扳手是由一套尺寸不同的梅花套筒头和配套的手柄组成,可用于一般扳手难以接近的场合,如图 2-24 所示。内六角扳手是用于旋动内六角螺钉的扳手。

(a)呆扳手　　　　　　(b)梅花扳手　　　　　　(c)套筒扳手

图 2-24　各种扳手

为防止打滑,所选用扳手的扳口应与螺钉或螺母良好配合;应收紧活扳手的活扳唇。拨动大螺母时,手应握在手柄尾部;扳动较小螺母时,为防止滑扣,手应握在近手柄中部或头部。活扳手不可反用,不可用钢管来接长手柄来加大扳拧力矩。活扳手不得代替撬棒或锤子使用。

学习任务二　常用电工仪表使用

一、万用表的使用

万用表又称多用表,它是一种多量程和多电量的测量仪表,主要测量电流、电压和电阻,又可以测量电容、电感、电平、晶体管静态电流放大系数等。万用表可分为指针万用表和数字万用表。

1. 指针万用表

1)指针万用表的基本结构及外形

指针万用表主要由指示部分、测量电路和转换开关三部分组成。指示部分通常为磁电式微安表,俗称表头;测量部分是把被测的电量转换为适合表头要求的微小直流电流,通常包括分流电路、分压电路和整流电路;不同种类电量的测量及量程的选择是通过转换开关来实现的。

指针万用表的外形结构、表头刻度和转换开关如图 2-25 所示。

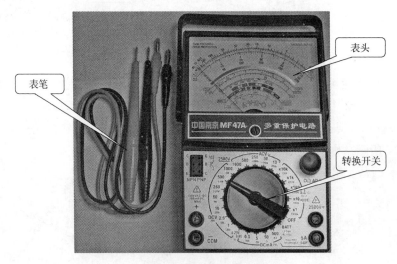

(a)指针万用表的外形结构

图 2-25　指针万用表

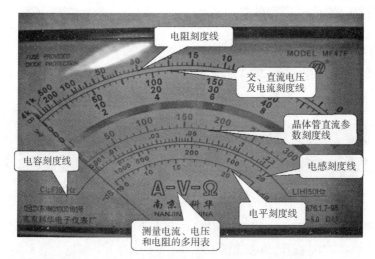

(b) 指针万用表的表头刻度

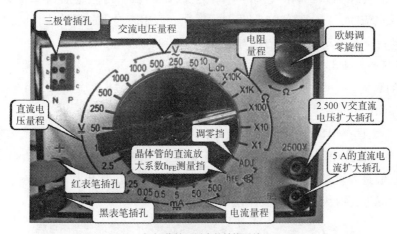

(c) 指针万用表的转换开关

图 2-25　指针万用表(续)

2) 指针万用表的用前检查与调整

在使用万用表进行测量前,应进行下列检查、调整:

(1) 外观应完好无破损。

(2) 旋动转换开关,应切换灵活无卡阻,挡位应准确。

(3) 检查测量机构是否有效,即应用欧姆挡,短时碰触两表笔,指针应偏转灵敏。

(4) 使用万用表前,应进行机械调零,即水平放置万用表,转动表盘指针下面的机械调零旋钮,使指针对准标度尺左边的零位(0 刻度),如图 2-26 所示。

(5) 测量电阻前应进行欧姆调零(每换挡一次,都应重新进行欧姆调零),即将转换开关置于欧姆挡的适当位置,两表笔短接,旋动欧姆调零旋钮,使指针对准欧姆标度尺右边的 0 刻度线。如指针始终不能指向 0 刻度线,则应更换电池,如图 2-27 所示。

图 2-26　指针万用表的机械调零

图 2-27　指针万用表的欧姆调零

(6) 检查表笔插接是否正确。指针万用表共有 4 个表笔插孔,面板左下角是正、负表笔插孔,将红表笔插入"+"(正)插孔,黑表笔插入"COM"(负)插孔。面板右下角是交直流"2 500 V"和"5 A"的红表笔专用插孔。当测量 2 500 V 交、直流电压时,红表笔插入"2 500 V"专用插孔;当测量 5A 直流电流时,红表笔插入"5 A"专用插孔。万用表表笔的插接法,可以总结为:红插正孔黑插负,任何情况黑不动;若遇高压大电流,红笔移到专用孔。

3) 指针万用表的使用

(1) 电阻的测量:

①测量电阻时,尽可能去除旁路影响,并且被测电路不得带电。

②合理选择量程挡位,以指针居中为最佳,如图 2-28 所示。先粗略估计所测电阻阻值,再选择合适量程。如果被测电阻不能估计其值,一般情况将开关拨在 R×100 或 R×1 k 的位置进行初测,然后看指针是否停在中线附近,如果是,说明挡位合适。如果指针太靠近零,则要减小挡位;如果指针太靠近无穷大,则要增大挡位。

图 2-28　测电阻指针居中

③测量时表笔与被测电路应接触良好;双手不得同时触至表笔的金属部分,以防将人体电阻并入被测电路造成误差。

④正确读数并计算出实测值,即实测值 = 刻度值 × 倍率。

⑤切不可用欧姆挡直接测量微安表头、检流计、电池内阻。

（2）电压的测量：

①测量电压时，表笔应与被测电路并联。

②测量直流电压时，应注意极性。将红表笔接被测电压"＋"端，黑表笔接被测电压"－"端。若表笔接反，表头指针会反方向偏转，容易撞弯指针。若无法区分正、负极，则先将量程选在较高挡位，用表笔轻触电路，若指针反偏，则调换表笔。

③合理选择量程。应尽量使指针偏转到满刻度的 2/3 左右。若被测电压无法估计，则先选择最大量程，视指针偏摆情况再做调整。

④正确读数并计算出实测值。

第一步：选择合适的电压刻度线进行读数，如图 2-29 所示。

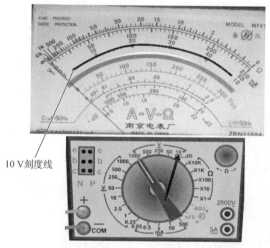

（a）量程为10 V，读数时选择10 V刻度线

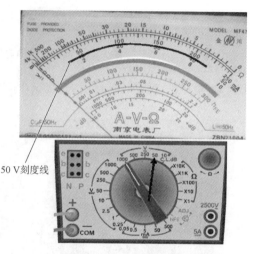

（b）量程为50 V，读数时选择50 V刻度线

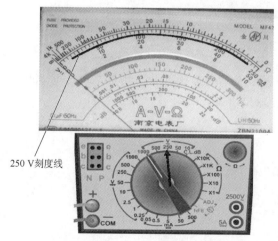

（c）量程为250 V，读数时选择250 V刻度线

（d）量程为500 V，读数时选择50 V刻度线

图 2-29　选择合适的电压刻度线进行读数

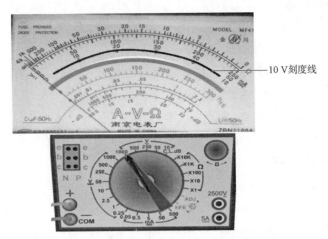

(e)量程为1 000 V,读数时选择10 V刻度线

图 2-29 选择合适的电压刻度线进行读数(续)

第二步:电压的读数=指针所指刻度×(量程/标尺最大刻度),如图 2-30 所示。

直接读数为150 V。
倍率为挡位5 V/满刻度500,
即5/500=0.01。
最终的读数为150 V×0.01=1.5 V

图 2-30 电压的读数

⑤测量时应与带电体保持安全间距,手不得触至表笔的金属部分。测量高电压时 500～2 500 V,应戴绝缘手套且站在绝缘垫上使用高压测试笔进行。

(3)电流的测量:

①测量电流时,表笔应与被测电路串联。

②测量直流电流时,应注意极性。红表笔接高电位端,黑表笔接低电位端。

③合理选择量程。

④测量较大电流时,应先断开电源然后再撤表笔。

4)指针万用表的使用注意事项

(1)在使用万用表时要注意,手不可触及测试表笔的金属部分,以保证安全和测量的准确度。特别是在被测量对象带电时,必须注意人体与被测量体的安全距离。

(2)测量 50 V 以上电压时应养成单手握表笔的习惯,如图 2-31 所示。这样操作的好处是,人体即使触电也容易脱离带电体。

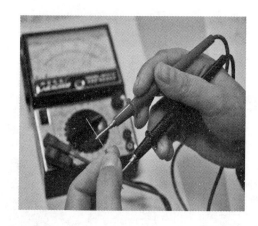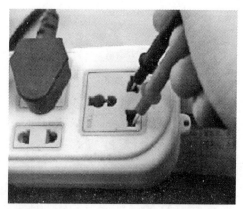

图 2-31　单手握表笔

（3）表笔破损必须更换，以免发生触电危险。

（4）在表笔接触被测线路前应再一次全面检查，看看各部分位置是否有误，确实没有问题时再进行测量。经验表明，万用表的损坏大多数情况是因为测量挡位错误造成的。

（5）测量过程中不得换挡。如需换挡，应先断开表笔，换挡后再进行测量。

（6）万用表用毕，应将转换开关置于空挡或 OFF 挡。有的表没有上述两挡时，可将转换开关置于交流电压最高量程挡，以防下次测量时疏忽而损坏万用表。如果长期不使用，应将电池取出来，以免电池腐蚀表内其他器件。

2. 数字万用表

数字万用表具有测量精度高、显示直观、功能全、可靠性好、小巧轻便以及便于操作等优点。

1）数字万用表的面板结构与功能

图 2-32 为 DT-9205A 型数字万用表的面板图及外形结构，包括 LCD 液晶显示器、电源开关、转换开关、表笔插孔等。

（1）LCD 液晶显示器。显示 4 位数字，最高位只能显示 1 或不显示数字，最大指示为 1 999 或 -1 999。当被测量超过最大指示值时，显示"1"或"-1"。

（2）电源开关。使用时将电源开关置于 ON 位置；使用完毕置于 OFF 位置。长时间不用时，应取出电池。

（3）转换开关。转换开关用以选择功能和量程。根据被测的电量（电压、电流、电阻等）选择相应的功能位；按被测量程的大小选择合适的量程。

（4）表笔插孔。将黑表笔插入 COM 插孔。红表笔有如下 3 种插法：

①测量电压和电阻时插入 VΩ 插孔。

②测量小于 200 mA 的电流时插入 mA 插孔。

③测量大于 200 mA 的电流时插入 20 A 插孔。

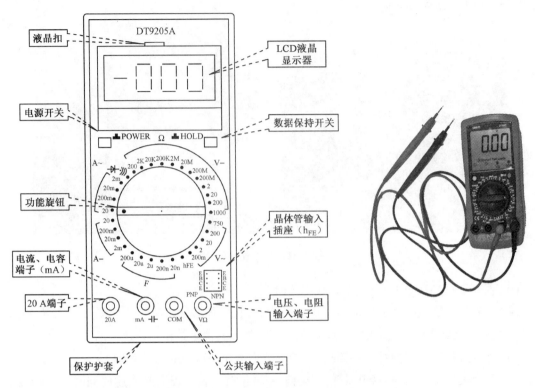

图 2-32　DT-9205A 型数字万用表的面板图及外形结构

2）数字万用表的使用方法

使用前,应认真阅读有关的使用说明书,熟悉电源开关、量程开关、插孔、特殊插口的作用。将电源开关置于 ON 位置。使用万用表前,应进行外观检查,检查仪表外观及表笔是否完好无破损;检查表内是否有电池,表的电压是否正常。

(1) 电阻的测量。将量程开关拨至 Ω 量程挡的适当位置,红表笔插入 VΩ 插孔,黑表笔插入 COM 插孔。如果被测电阻值超出所选择量程的最大值,万用表将显示"1",这时应选择更高的量程。

数字万用表测得的电阻值是液晶屏显示数值,单位是量程挡位值。

注意:①测量电阻时,红表笔为正极,黑表笔为负极,这与指针万用表正好相反。因此,测量晶体管、电解电容器等有极性元器件时,必须注意表笔的极性。

②在测量电路上的电阻时,一定要将电路的电源切断,不然会将万用表烧毁。

(2) 交直流电压的测量。根据需要将量程开关拨至直流电压 DCV(V-)或交流电压 ACV(V~)量程挡的适当位置,红表笔插入 VΩ 插孔,黑表笔插入 COM 插孔,并将表笔与被测线路并联,读数即显示。

数字万用表测得的电压值是液晶屏显示数值,单位是量程挡位值。如果被测电压是直流电压,则正电压只显示数值,负电压除数值外,数字前还有"-"的符号。

(3) 交直流电流的测量。将量程开关拨至 DCA(直流)或 ACA(交流)的合适量程,红表笔插入 mA 插孔(<200 mA 时)或 20 A 插孔(>200 mA 时),黑表笔插入 COM 插孔,并将万用表串联在被测线路中即可。测量直流量时,数字万用表能自动显示极性。

(4)电路的通断测试。万用表的红表笔插入"+"(正)插孔,黑表笔插入"COM"(负)插孔,将万用表的量程开关切换到"通断测试"挡(蜂鸣挡),如果待测电路两端之间阻值低于约(70±20)Ω 时,则内置蜂鸣器发声,表明此时电路两端间处于通路(电阻较小)或短路状态。否则,当万用表的屏幕上显示"1",表明此时为断开状态。注意:电路的通断测试不可带电测试,如图 2-33 所示。

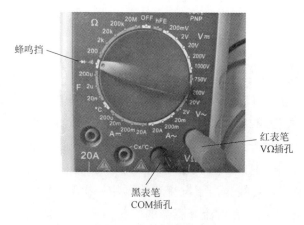

图 2-33 电路的通断测试

3)数字万用表的使用注意事项

(1)如果无法预先估计被测电压或电流的大小,则应先拨至最高量程挡测量一次,再视情况逐渐把量程减小到合适位置。测量完毕,应将量程开关拨到最高电压挡,并关闭电源。

(2)满量程时,仪表仅在最高位显示数字"1",其他位均消失,这时应选择更高的量程。

(3)测量电压时,应将数字万用表与被测线路并联;测量电流时,应将数字万用表与被测线路串联。

(4)当显示屏出现"LOBAT"或"←"时,表明电池电压不足,应予以更换。

(5)若测量电流时,没有读数,应检查熔丝是否熔断。

二、钳形电流表的使用

钳形电流表一般用于测量工频交流电流,也有些专门用于测量直流电流的钳形电流表。钳形电流表的最大优点是能在不断开被测线路的情况下测量线路上的电流。

钳形电流表按读数显示方式可分为指针式和数字式两大类;按测量电压分为低压钳形电流表和高压钳形电流表;按功能可分为交直流钳形电流表、交流钳形电流表、钳形万用表、漏电流钳形电流表;按结构和工作原理的不同分为互感式和电磁式两类,互感式钳形电流表只能用于交流电流的测量,而电磁式钳形电流表可以实现交、直流两用测量。常用的钳形电流表如图 2-34 所示。

（a）数字钳形电流表　　　（b）指针钳形电流表　　　（c）高压钳形电流表

图 2-34　常用的钳形电流表

1. 指针钳形电流表

常用的互感式指针钳形电流表由电流互感器、整流系电流表、测量线路及转换开关构成，如图 2-35 所示。电流互感器的铁芯呈钳口形，当紧握钳形电流表的把手时，其铁芯张开，将通有被测电流的导线放入钳口中，松开把手后铁芯闭合。测量时置于钳口铁芯中被测电流的导线相当于电流互感器的一次侧，当有电流流过被测导线时，就会在电流互感器的二次侧产生感应电流，并送入整流系电流表测出电流数值。电流表并联不同的分流电阻并由转换开关切换便可使电流表有多个量程。这种钳形电流表又称互感式钳形电流表，一般只能测量工频交流电流。

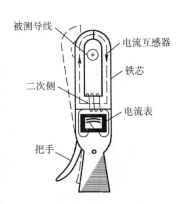

图 2-35　互感式指针钳形电流表的结构示意图

2. 数字钳形电流表

数字钳形电流表具有显示清晰直观、读数方便、自动量程转换、自动显示极性、测量结果可保持、过量程指示，测试功能完善（可测量电阻、电压、电容、二极管及温度等）、通断声响检测等优点。

使用数字钳形电流表时的常见问题如下：

（1）在测量时，如果显示的数值太小，说明量程过大，可转换到较小量程后重新测量。

（2）如果显示过载符号，说明量程过小，应转换到较大量程后重新测量。

（3）不可在测量过程中转换量程，应将被测导线退出铁芯钳口或者按住"功能"键 3 s 关闭数字钳形电流表电源，然后再转换量程。

（4）如果需要保存数据，可在测量过程中按一下"功能"键，听到"嘀"的提示声，此时的测量数据就会自动保存在显示屏上。

（5）使用具有万用表功能的钳形电流表测量电阻、交流电压、直流电压，将表笔插入数字钳形电流表表笔插孔。量程选择开关根据需要分别置于相应挡位，用两表笔接触被测对象，LCD 显示屏即显示读数。其操作方法与用数字万用表测量电阻、交流电压和直流电压一样。

（6）当电池电量变低时，显示屏上会显示 BATT，此时要更换新电池。

3. 钳形电流表使用应注意的安全问题

(1)测量时应戴绝缘手套,必要时应设监护人。

(2)被测线路电压不得超过钳形电流表所规定的使用电压,以防止绝缘击穿,导致触电事故的发生。

(3)测量前对钳形电流表进行充分检查,并正确地选挡。在不知被测电流大小时应先用最大量程试测,再选合适量程。

(4)在测量中不得变换挡位,需更换量程时必须先将导线从钳口内退出。

(5)测量低压母线电流时,测量前应将相邻各相导线用绝缘板隔离,以防钳口张开时,可能引起的相间短路。

(6)不可测量裸导线上的电流。

三、兆欧表的使用

兆欧表俗称摇表。兆欧表主要用于测量各种电动机、电缆、变压器、家用电器、工农业生产上用的电气设备和配送电线路的绝缘电阻,以及测量各种高阻值电阻器电阻等。它的计量单位是兆欧(MΩ),故称为兆欧表。

一般的兆欧表主要由手摇直流发电机、磁电系比率表以及测量线路组成。手摇直流发电机的额定电压主要有 500 V、1 000 V、2 500 V 等几种。兆欧表的种类有很多,但其作用大致相同,常用 ZC25 型兆欧表应用见表 2-1,外形如图 2-36 所示。

表 2-1 常用 ZC25 型兆欧表应用

型 号	额定电压/V	测量范围/MΩ	应用举例
ZC25-1	100	0~100	普通的电线、电缆、线圈及其他对绝缘要求不高的器件
ZC25-2	250	0~250	普通的电线、电缆、线圈及其他对绝缘要求不高的器件
ZC25-3	500	0~500	电动机、线圈、电缆、普通变压器、家用电器、工农电气设备的绝缘电阻
ZC25-4	1 000	0~1 000	电力变压器、电动机绕组、刀闸、电线等

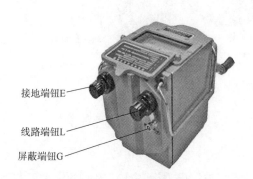

图 2-36 常用 ZC25 型兆欧表的外形

1. 兆欧表的用前检查

1）外观检查

（1）外壳要完好。

（2）刻度要易于分辨。

（3）指针没有扭曲现象且摆动灵活。

（4）发电机手柄要轻便。

2）校表

（1）短路试验。将线路端钮 L、地线端钮 E 短接，慢慢摇动手柄，若发现指针在零点处稳定指示时，即可停止摇动手柄，说明表是好的，如图 2-37 所示。

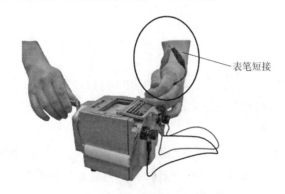

图 2-37　兆欧表的短路试验

（2）开路试验。将线路端钮 L、地线端钮 E 分开，先慢后快逐步加速，以约 120 r/min 的转速摇动手柄，待表的读数在无穷大处稳定指示时，即可停止摇动手柄，说明表开路试验无异常，如图 2-38 所示。

图 2-38　兆欧表的开路试验

2. 兆欧表的选用

兆欧表的额定电压一定要与被测电力设备或线路的额定电压相适应，一般可按表 2-2 选用。选用兆欧表的一般原则：测量高压电气设备的绝缘电阻，应使用额定电压较高的兆欧表；兆欧表的测量范围不应过多地超过被测设备的绝缘电阻值，否则读数误差较大。

表 2-2　兆欧表的选用

测量设备	设备状况	测量部位	兆欧表电压等级/V	对兆欧表的要求
低压电动机	新	各相绕组对机壳、各相绕组之间	1 000	500 MΩ 刻度
	运行中		500	
低压电力电容器	新	各极对外壳	1 000	2 000 MΩ 刻度
	运行中		2 000	1 000 MΩ 刻度
低压电力电缆	新或运行中	各极对外壳及其他相	1 000	须连接 G 端
6~10 kV 变压器	新或运行中	一次绕组对二次绕组及外壳	2 500	须连接 G 端
		二次绕组对一次绕组及外壳	2 500	—

3. 兆欧表的测试

1) 正确接线

兆欧表有 3 个接线柱，上端两个较大的接线柱上分别标有"接地"(E)和"线路"(L)，下端较小的一个接线柱上标有"保护环"(或"屏蔽")(G)，如图 2-36 所示。

(1) 线路对地的绝缘电阻。将兆欧表的"接地"接线柱(即 E 接线柱)可靠地接地(一般接到某一接地体上)，将"线路"接线柱(即 L 接线柱)接到被测线路上。连接好后，顺时针摇动兆欧表，转速逐渐加快，保持在约 120 r/min 后匀速摇动，当转速稳定，表的指针也稳定后，指针所指示的数值即为被测物的绝缘电阻值。

实际使用中，E、L 两个接线柱也可以任意连接，即 E 可以与被测物相连接，L 可以与接地体连接(即接地)，但 G 接线柱决不能接错。

(2) 测量电动机的绝缘电阻：

①相与外壳间绝缘电阻。将兆欧表 E 接线柱接机壳(即接地)，L 接线柱接到电动机某一相的绕组上。测出的绝缘电阻值就是某一相的对地绝缘电阻值。

②相与相间绝缘电阻。将兆欧表 E 接线柱、L 接线柱分别接于被测电动机的两相绕组上。

(3) 测量电缆的绝缘电阻。测量电缆的导电线芯与电缆外壳的绝缘电阻时，将接线柱 E 与电缆外壳相连接，接线柱 L 与线芯相连接，同时将接线柱 G 与电缆壳、芯之间的绝缘层相连接。

(4) 家用电器的绝缘电阻。测量家用电器的绝缘电阻时，L 接线柱接被测家用电器的电源插头，E 接线柱接该家用电器的金属外壳。

2) 测试

兆欧表接好线后，兆欧表要保持水平位置，用左手按住表身，右手摇动发电机手柄。右手按顺时针方向转动发电机手柄，摇的速度应由慢而快，当转速达到 120 r/min 左右时，保持匀速转动，待表的指针基本稳定后再读数(一般读取 1 min 后的读数)，并且要边摇边读数，不能停下来读数。

注意：在测量过程中，如果指针已经指向"0"，说明被测对象有短路现象，此时不可继续摇动发电机手柄，以防损坏兆欧表。

3) 拆除测试线

测量完毕，待兆欧表停止转动和被测物接地放电后，才能拆除测试线。

4. 使用兆欧表的注意事项

（1）应根据被测物的额定电压正确选用不同电压等级的兆欧表。

（2）兆欧表测量时应放在水平位置，并用力按住兆欧表，防止在摇动中晃动。

（3）应使用兆欧表专用的测量线或绝缘强度较高的两根单芯多股软线，两根引线不能绞缠。

（4）使用前应作开路和短路试验。使 L、E 两接线柱处在断开状态，摇动兆欧表，指针应指向"∞"；将 L 和 E 两个接线柱短接，慢慢地转动，指针应指向在"0"处。这两项都满足要求，说明兆欧表是好的。测量过程中，如果指针已经指向"0"，说明被测对象有短路现象，此时不可继续摇动发电机手柄，以防损坏兆欧表。

（5）测量电气设备的绝缘电阻时，必须先切断电源，然后将设备对地放电，特别是电容性的电气设备，如电缆、大容量的电动机、变压器以及电容器等，以保证人身安全和测量准确。

（6）测量电容性电气设备的绝缘电阻时，应在取得稳定读数后，先取下测量线，再停止摇动手柄，测量完后立即对被测电气设备进行放电。

（7）测量过程中，不要用手碰触设备的测量部分或兆欧表的接线柱。

（8）拆线时不可触及引线的裸露部分。

操作任务一　低压验电笔的使用

一、操作目的

通过本任务的学习，能够掌握低压验电笔的使用方法。

二、操作准备

（1）低压验电笔若干。

（2）操作人员手干净不潮湿。

（3）电工工作服、安全帽、绝缘手套、绝缘鞋。

（4）操作人员熟悉低压验电笔的结构、工作原理和使用方法。

三、操作步骤

步骤一：用前外观检查。检查低压验电笔外观是否无破损、是否无脏污、氖管式附件是否齐全，如图 2-39 所示。

步骤二：用前验电笔测试。验电笔在使用前，必须在有电源处对验电笔进行测试，以证明该验电笔确实良好，方可使用。应注意的是持笔部位，即手握笔帽端金属体，笔尖接触测试部位。如果氖管亮，则验电笔良好，如图 2-40 所示。

图 2-39　氖管式验电笔

步骤三:测量设备。
(1)用验电笔对单相设备的 L、N 逐次检测,尤其需要注意不能忽略对 N 线的检测。
(2)三相设备的 U、V、W 逐相检测,如图 2-41 所示。

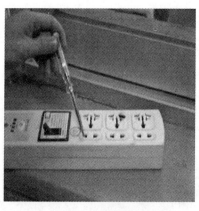

图 2-40　用前验电笔测试　　　　　图 2-41　用验电笔测量三相设备

使用验电笔时应注意两点:
(1)验电时,手握笔帽端金属体,否则带电体也会误判为非带电体。
(2)验电时,要防止手指触及笔尖的金属部分,以免造成触电事故。
步骤四:判断测量结果。如果氖管亮,则设备有电压;不亮,则设备无电压。
注意:验电器只能在相应的电压等级上使用。使用完毕,最好应置于干燥的专用盒子内,不与其他工具混放。

四、操作考核

表 2-3 中第 2 项为否定项,未测试验电笔则实操不合格。

表 2-3　操作考核

序　号	考核要点	操作要点	得　分
1	外观检查	无破损、无脏污、氖管式附件齐全	
2	验电笔测试	持笔部位:手握笔帽端金属挂钩,笔尖接触测试部位	
		检验电笔:氖管亮则验电笔良好	
3	测量设备	单相设备:L、N 逐次检测	
		三相设备:U、V、W 逐相检测	
4	判断结果	氖管亮,则设备有电压;不亮,则设备无电压	
合　计			

操作任务二 指针万用表的使用

一、操作目的

通过本任务的学习,能够掌握指针万用表的结构、工作原理和使用方法。

二、操作准备

(1)指针万用表若干。
(2)操作人员手干净不潮湿。
(3)电工工作服、安全帽、绝缘手套、绝缘鞋。
(4)操作人员熟悉指针万用表的结构、工作原理和使用方法。

三、操作步骤

步骤一:用前检查。

(1)外观检查:

①检查仪表外观及表笔是否完好无破损。

②检查表内是否有电池,表的电压是否正常。

(2)仪表调零:

①使用指针万用表前,应该进行机械调零。

②测量电阻前还应进行欧姆调零(每换挡一次,都应重新进行欧姆调零)。

步骤二:选择插口。红表笔插"+"孔,黑表笔按仪表标注插入。如测量的是高电压或大电流,则黑表笔不动,将红表笔插入相应的高电压插口或大电流插口。

步骤三:量程选择。根据被测对象选择挡位和量程,如测量照明电压(其电压应为220 V),应选交流电压挡250 V。如测量三相交流电压(其电压为380 V),则应选500 V量程。若被测量无法估计,应先选择最大量程,视指针偏摆情况再做调整。

需要注意的是测量电压、电流时其指针在刻度盘上(0~最大值)应尽量指向2/3以上的位置,而测量电阻时则以指针置于中间位置为宜,这样才能准确。

步骤四:测量设备。

(1)在测量交流电压或电阻时,只要将万用表并联在被测电路两端即可,不需要考虑极性。

(2)在测量直流电压时,将红表笔接被测电压"+"端,负表笔接被测量电压"-"端。若表笔接反,表头指针会反方向偏转,容易损坏仪表。需要注意的是,在不知正负极的情况下,可将表笔的一端点在一极,快速将另一端点在另一极,若指针反向偏转,则说明极性错误,将两表笔对调即可。

步骤五:读数。在相应量程挡位的刻度盘上读取数据。需要注意,测量电压和测量电阻所选取的刻度线不同,不同的电压量程所对应的刻度线也不同。

步骤六:挡位复位。将挡位开关打在 OFF 空挡或交流电压最高挡。

四、操作考核

表 2-4 中第 1 项为否定项,选表错误则实操不合格。

表 2-4 操作考核

序号	测量任务	考核要点	操作要点	得分
1		选择仪表	指针万用表	
2		外观检查	外观应无缺陷,表笔完好无缺损;检查表内是否有电池,表的电压是否正常	
3	测量电阻	仪表调零	机械调零:会调整机械调零旋钮,使指针位于"0"位	
			欧姆调零:两表笔短接,使指针位于"0"位,否则调节欧姆调零旋钮,使指针指在"0"位	
		选择插口	红表笔插"+"孔,黑表笔按仪表标注插入	
		量程选择	与指定测量值相符	
		测量设备	安全防护应到位;两表笔线应分开;手持表笔部位应正确;指针偏转接近表盘的 2/3 以上位置	
		读数	与考核给出的电阻值相符	
		挡位复位	OFF 空挡或交流电压最高挡	
4	测量交流电压	仪表调零	机械调零:会调整机械调零旋钮,使指针位于"0"位	
		量程选择	与指定测量值相符	
		选择插口	红表笔插"+"孔,黑表笔按仪表标注插入	
		测量设备	安全防护应到位;两表笔线应分开;手持表笔部位应正确;指针偏转接近表盘的中间位置	
		读数	刻度值×倍率;与考核给出的电压值相符	
		挡位复位	OFF 空挡或交流电压最高挡	
5	测量直流电压	仪表调零	机械调零:会调整机械调零旋钮,使指针位于"0"位	
		量程选择	与指定测量值相符	
		选择插口	红表笔插"+"孔,黑表笔按仪表标注插入	
		测量设备	安全防护应到位;两表笔线应分开;手持表笔部位应正确;指针偏转接近表盘的中间位置	
		读数	与考核给出的电压值相符	
		挡位复位	OFF 空挡或交流电压最高挡	
合 计				

操作任务三 数字万用表的使用

一、操作目的

通过本任务的学习,能够掌握数字万用表的结构、工作原理和使用方法。

二、操作准备

(1)数字万用表若干。
(2)操作人员手干净不潮湿。
(3)电工工作服、安全帽、绝缘手套、绝缘鞋。
(4)操作人员熟悉数字万用表的结构、工作原理和使用方法。

三、操作步骤

步骤一:外观检查。
(1)检查仪表外观及表笔是否完好无破损。
(2)检查表内是否有电池,表的电压是否正常。
步骤二:选择插口。将红表笔插入 VΩ 插孔,黑表笔插入 COM 插孔。
步骤三:量程选择。根据被测对象的类型和大小选择相应合适的挡位和量程。
步骤四:测量设备。
(1)在测量交流电压或电阻时,只要将万用表并联在被测电路两端即可,不需要考虑极性。
(2)测量直流电压时,要正确判断电压的极性,显示值前出现"-",则红表笔接触的是负极。
步骤五:读数。数字万用表测得的值是液晶屏显示数值,单位是量程挡位值。
步骤六:挡位复位。将挡位开关打在 OFF 空挡或交流电压最高挡。

四、操作考核

表 2-5 中第 1 项为否定项,选表错误则实操不合格。

表 2-5 操作考核

序 号	测量任务	考核要点	操作要点	得 分
1		选择仪表	数字万用表	
2		外观检查	外观应无缺陷,表笔完好无破损;检查表内是否有电池,表的电压是否正常	

续表

序号	测量任务	考核要点	操作要点	得分
3	测量电阻	选择插口	将红表笔插入 VΩ 插孔,黑表笔插入 COM 插孔	
		量程选择	与指定测量值相符	
		测量设备	安全防护应到位;两表笔线应分开;手持表笔部位应正确	
		读数	与考核给出的电阻值相符	
		挡位复位	OFF 空挡或交流电压最高挡	
4	测量交流电压	选择插口	将红表笔插入 VΩ 插孔,黑表笔插入 COM 插孔	
		量程选择	与指定测量值相符	
		测量设备	安全防护应到位;两表笔线应分开;手持表笔部位应正确	
		读数	与考核给出的电阻值相符	
		挡位复位	OFF 空挡或交流电压最高挡	
5	测量直流电压	选择插口	将红表笔插入 VΩ 插孔,黑表笔插入 COM 插孔	
		量程选择	与指定测量值相符	
		测量设备	安全防护应到位;两表笔线应分开;手持表笔部位应正确	
		判断极性	显示值前出现"-"的符号,则红表笔接触的是负极	
		读数	与考核给出的电阻值相符	
		挡位复位	OFF 空挡或交流电压最高挡	
合 计				

操作任务四　交流钳形电流表的使用

一、操作目的

通过本任务的学习,能够掌握交流钳形电流表的结构、工作原理和使用方法。

二、操作准备

(1)交流钳形电流表若干。
(2)操作人员手干净不潮湿。
(3)电工工作服、安全帽、绝缘手套、绝缘鞋。
(4)操作人员熟悉交流钳形电流表的结构、工作原理、选用原则和使用方法。

三、操作步骤

步骤一:操作防护。测量前安全防护应做到位,要求穿电工工作服、戴绝缘手套、戴安全帽、穿绝缘鞋。

步骤二：用前检查。

（1）外观检查。仪表的外观完好无缺损。

（2）钳口检查。检查钳口的工作包括以下方面：

①钳把完好并开启灵活。

②检查钳口的开合情况，要求钳口开合自如，钳口两个接合面应保证接触良好。

③检查钳口上是否有油污和杂物。若有，应用汽油擦干净；如果有锈迹，应轻轻擦去，如图2-42所示。

（3）机械调零。测量前，应检查指针在静止时是否指在机械零位，若不指刻度线左边的"0"位上，应进行机械调零。钳形电流表机械调零的方法与指针万用表机械调零的方法相同。

图2-42 用汽油擦去钳口污物

步骤三：量程选择。测量前，应根据负载电流的大小估计被测电流的数值，选择合适的量程。如果无法估计被测电流值，先选用较大量程进行测量，然后再根据被测电流的大小减小量程，让示数超过满刻度的1/2，以获得较准确的读数。

值得注意的是，转换量程时必须将钳口打开，在钳形电流表不带电的情况下才能转换量程开关。

步骤四：测量。

（1）在测量时，用手捏紧扳手使钳口张开。

（2）被测载流导线的位置应放在钳口中心位置，以减少测量误差，如图2-43所示。

（3）松开扳手，使钳口（铁芯）闭合，表头即有指示。注意：测量5 A以下的电流时，如果钳形电流表的量程较大，在条件许可时，可把导线在钳口上多绕几圈，然后测量并读数。此时，线路中的实际电流值为所读数值除以穿过钳口内侧的导线匝数，如图2-44所示。

图2-43 导线放在钳口中心位置

图2-44 5 A以下电流的测量

（4）测量时，每次只能放入一根导线（相线、中性线均可）。对于双绞线，要将它分开一段，然后对放入其中的一根导线进行测量。

步骤五:读数。读数前应尽可能使钳形电流表放平。
步骤六:退出被测线路。测量完毕,钳形电流表不用时,应将挡位置于电流最高挡。

四、操作考核

表2-6中第1项为否定项,未进行操作防护则实操不合格。

表2-6 操作考核

序 号	考核要点	操作要点	得 分
1	操作防护	穿电工工作服、戴绝缘手套、戴安全帽、穿绝缘鞋	
2	选择仪表	选用交流钳形电流表	
3	外观检查	外观完好无缺损;钳把完好并开启灵活;钳口无锈蚀且闭合严密	
4	机械调零	机械调零,使指针在"0"处	
5	选择量程	与指定测量值相符	
6	读数	与考核给出的电流值相符	
7	挡位复位	OFF空挡或交流电压最高挡	
合 计			

操作任务五　运行异常的380 V三相异步电动机绝缘电阻检测

一、操作目的

通过本任务的学习,能够掌握兆欧表的结构、工作原理和使用方法。

二、操作准备

(1)兆欧表若干。
(2)380 V三相异步电动机若干。
(3)操作人员手干净不潮湿。
(4)电工工作服、安全帽、绝缘手套、绝缘鞋。
(5)操作人员熟悉兆欧表的结构、工作原理、选用原则和使用方法。

三、操作步骤

步骤一:根据任务需要,选择500 V兆欧表,并进行使用前检查。
(1)外观检查:仪表应无缺陷,指针摆动灵活,摇把无卡阻,表线完好无破损。
(2)开路验表:L线与E线分开,逐渐加速摇动手柄至120 r/min,指针应指"∞"。

(3)短路验表:L线与E线短接,摇动手柄,慢摇至指针应偏转指"0"。短路试验的时间不宜过长,否则有可能造成兆欧表内部发电机的损坏。

步骤二:停电、验电。

(1)在进行检测之前,应断开被测电动机电源开关,进行停电。

(2)停电后,要对被测电动机进行验电,在电源断开处验明三相无电压,如图2-45所示。

(3)检查工作结束后,应在工作前挂上标示牌"禁止合闸 有人工作"。

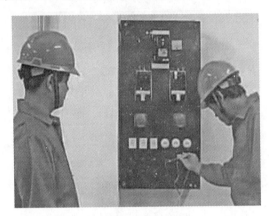

图2-45 验电

步骤三:放电。大型电动机在退出运行后要先放电,绕组对地及相间进行放电。

步骤四:测绕组对地(或外壳)绝缘。

(1)拆引入线。验明无电后拆去电动机接线盒处电源引入线,如图2-46所示。

图2-46 拆引入线

(2)测量。L端接到电动机绕组任一端(接线端上原有连接片不拆),E端接电动机外壳(例如端子盒的螺孔处),如图2-47所示。

先摇120 r/min,再搭L线;指针稳定后读数(必要时应记录绝缘电阻值及电动机温度);读数后,先撤L线再停摇表;最后放电。

步骤五:测各相绕组间绝缘。

(1)拆去接线端上原有连接片,如图2-48所示。

(2)将兆欧表的E端和L端分别接不同相绕组,如图2-49所示。

(3)先摇120 r/min,再搭L线。

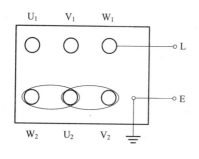

图 2-47 绕组对外壳绝缘测量的接线示意图

图 2-48 拆去接线端上原有连接片

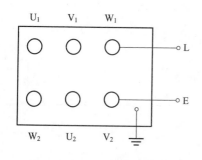

图 2-49 各相绕组间绝缘测量的接线示意图

(4)指针稳定后读数(必要时应记录绝缘电阻值及电动机温度)。

(5)读数后,先撤 L 线,再停摇表,最后放电。

注意:需要测另两个绕组间的绝缘电阻,共测 3 次,每次测后均应放电。

步骤六:测量完毕后放电。应对设备充分放电,否则容易引起触电事故。

步骤七:判断。不论对地(外壳)绝缘还是相间绝缘,其合格值的要求如下:

(1)对于新电动机:绝缘电阻不小于 1 MΩ。

(2)对于运行过的电动机:绝缘电阻应不小于 0.5 MΩ。

四、操作考核

表 2-7 中第 1 项为否定项,选表错误则实操不合格。

表 2-7 操作考核

序 号	测量任务	考核要点	操作要点	得 分
1	测量前准备工作	选择仪表	选用 500 V 兆欧表	
		外观检查	仪表应无缺陷,指针摆动灵活,摇把无卡阻,表线完好无破损	
		开路验表	L 线与 E 线分开,逐渐加速摇动手柄至 120 r/min,指针应指"∞"	
		短路验表	L 线与 E 线短接,摇动手柄,慢摇至指针应偏转指"0"	
		停电	断开电动机的电源开关	
		验电	在电源断开处验明三相无电压	
		悬挂标志牌	悬挂"禁止合闸,有人工作"标志牌	
		放电	绕组对地及相间进行放电	
2	测绕组对外壳绝缘	拆引入线	拆开电动机接线盒处电源引入线	
		测绕组对外壳的绝缘电阻	L 端接到电动机绕组任一端,E 端接电动机外壳;先摇 120 r/min,再搭 L 线;指针稳定后读数;读数后,先撤 L 线再停摇表;最后放电	
		判断结果	新电动机:绝缘电阻不小于 1 MΩ。 运行过的电动机:绝缘电阻不小于 0.5 MΩ	
3	测绕组间绝缘	绕组分开	拆开绕组连接片	
		测三相绕组的相与相间绝缘电阻	E 端和 L 端分别接不同相绕组;先摇 120 r/min,再搭 L 线;指针稳定后读数;读数后,先撤 L 线再停摇表;最后放电。 注意:共测 3 次,每次测后均应放电	
		判断结果	新电动机:绝缘电阻不小于 1 MΩ。 运行过的电动机:绝缘电阻不小于 0.5 MΩ	
合 计				

操作任务六 低压电力电缆的绝缘电阻检测

一、操作目的

通过本任务的学习,能够掌握低压电力电缆的绝缘电阻检测方法。

二、操作准备

(1)兆欧表若干、低压四芯铠装电缆若干。
(2)电工工作服、安全帽、绝缘手套、绝缘鞋。
(3)操作人员手干净不潮湿。
(4)操作人员熟悉兆欧表的结构、工作原理、选用原则和使用方法。

三、操作步骤

步骤一:根据任务需要,选择1 000 V兆欧表,并进行使用前检查。

(1)外观检查:仪表应无缺陷,指针摆动灵活,摇把无卡阻,表线完好无破损。

(2)开路验表:L线与E线分开,逐渐加速摇动手柄至120 r/min,指针应指"∞"。

(3)短路验表:L线与E线短接摇动手柄,慢摇至指针应偏转指"0"。

注意:短路试验的时间不宜过长,否则有可能造成兆欧表内部发电机的损坏。

步骤二:仪表接线。测量各线芯对其他线芯及地(金属护套或铠装)的绝缘。L端接被测线芯,E端接其他线芯及铠装层(将其他线芯短接后接铠装层,然后接至兆欧表E端)。

为防止被测电缆可能由于表面泄漏而引起测量误差,还应把被测导线的绝缘层用裸铜线缠绕3~5匝后接到保护环G端,如图2-50所示。

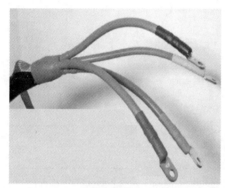

(a)外形

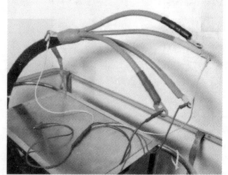

(b)其他线芯短接后接铠装层

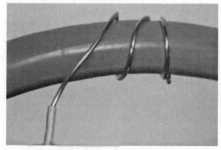

(c)绝缘层用裸铜线缠绕3匝后接到保护环G端

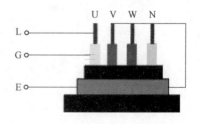

(d)测量接线示意图

图2-50 低压四芯铠装电缆

步骤三:实际测量。

(1)兆欧表必须水平放置,工作台面要平稳牢固。

(2)接线完毕后,应先将兆欧表摇至额定转速120 r/min后,再将L线接触被测线芯,摇动手柄的速度要均匀。

(3)摇动1 min,待指针稳定时读数。读数结束后,应先撤L线,再停摇表。

注意:若测量过程中,发现指针指向"0"处,应立即停止摇动手柄。

步骤四:测量完毕后放电。测量完毕后,将被测线芯对地放电不少于 1 min,否则容易引起触电事故。

步骤五:判断。电缆的合格值要求如下:

(1)对于未用电缆:绝缘电阻不小于 10 MΩ。

(2)对于已用电缆:绝缘电阻应不小于 0.5 MΩ。

注意事项:

(1)如果被测量电缆刚退出运行,应在测量前对电缆放电(先做各极对地放电,再做极间放电)。

(2)电缆终端头套管表面应擦干净。

(3)兆欧表未停止转动之前,切勿用手触及设备的测量部分或兆欧表接线柱。

(4)拆线时也不可直接触及引线的裸露部分。

(5)测量绝缘电阻需要测量 3 次,重复步骤(2)至步骤(4)。

四、操作考核

表 2-8 中第 1 项为否定项,选表错误则实操不合格。

表 2-8 操作考核

序 号	考核要点	操作要点	得 分
1	选择仪表	选用 1 000 V 兆欧表	
2	外观检查	仪表应无缺陷,指针摆动灵活,摇把无卡阻,表线完好无破损	
3	开路验表	L 线与 E 线分开,逐渐加速摇动手柄至 120 r/min,指针应指"∞"	
4	短路验表	L 线与 E 线短接,摇动手柄,慢摇至指针应偏转指"0"	
5	仪表接线	L 端接被测相线芯,E 端接其他线芯及铠装层,G 端接被测相线芯的绝缘层	
6	实际测量	先摇 120 r/min,再搭 L 线;指针稳定后读数;读数后,先撤 L 线再停摇表;最后放电	
7	合格标准	未用电缆≥10 MΩ。 已用电缆≥0.5 MΩ	
合 计			

操作任务七 运行异常的低压电容器绝缘电阻检测

一、操作目的

通过本任务的学习,能够掌握用兆欧表测量运行异常低压电容器的绝缘电阻。

二、操作准备

(1)兆欧表若干、低压电容器若干。
(2)电工工作服、安全帽、绝缘手套、绝缘鞋。
(3)操作人员手干净不潮湿。
(4)操作人员熟悉兆欧表的结构、工作原理、选用原则和使用方法。

三、操作步骤

步骤一:根据任务需要,选择 1 000 V/1 200 MΩ 兆欧表,并进行使用前检查。
(1)外观检查:仪表应无缺陷,指针摆动灵活,摇把无卡阻,表线完好无破损。
(2)开路验表:L 线与 E 线分开,逐渐加速摇动手柄至 120 r/min,指针应指"∞"。
(3)短路验表:L 线与 E 线短接摇动手柄,慢摇至指针应偏转指"0",短路试验即告结束。短路试验的时间不宜过长,否则有可能造成兆欧表内部发电机的损坏。

步骤二:停电、验电。
(1)在进行检测之前,应先断开被测电容器电源开关,进行停电。
(2)停电后,要在电源断开处验明三相无电压。
(3)停电、验电后,应在工作前挂上标示牌"禁止合闸 有人工作"。

步骤三:放电。对电容器进行放电。先做各相对地放电,再做相间放电,如图 2-51 所示。

(a)相对地放电

(b)相间放电

图 2-51 电容器放电

步骤四:拆除原接线、封短接线端。
(1)拆除电容器三相接线端子上原有的接线。
(2)擦拭干净电容器的三相接线端子绝缘套管。
(3)用裸导线将电容器三相接线端子短接,如图 2-52 所示。

步骤五:接线测量。
(1)将兆欧表 E 端接电容器外壳(地)的接地螺钉上,L 端接电容器三相接线端子的短接线,如图 2-53 所示。

(2)先摇 120 r/min 再搭 L 线。

(3)指针稳定后读数。

(4)先撤 L 线再停摇表。

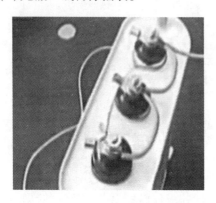

图 2-52　3 个接线端子短接

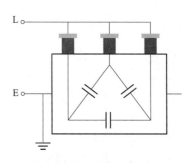

图 2-53　测量电容器绝缘电阻的接线示意图

步骤六:放电。测量完毕后放电,应对设备充分放电,否则容易引起触电事故,如图 2-54 所示。

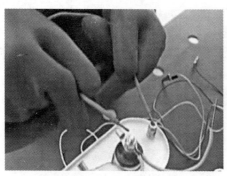

（a）相对地放电

（b）相间放电

图 2-54　测量后电容器的放电

步骤七:判断。低压电力电容器的合格值要求如下:

(1)未运行过的电容器,绝缘电阻≥2 000 MΩ。

(2)已运行过的电容器,绝缘电阻≥1 000 MΩ。

注意事项:

(1)如果被测量电缆刚退出运行,应先静候 3 min(使其在自动放电装置上放电),再人工放电(先做各极对地放电,再做极间放电)。

(2)电容器的各相端子绝缘套管表面应擦干净。

(3)测量后应再一次对电容器进行人工放电。

(4)兆欧表未停止转动之前,切勿用手去触及设备的测量部分或兆欧表接线柱。

(5)拆线时也不可直接去触及引线的裸露部分。

(6)由于对电容器只要求测量相对地的绝缘电阻,因此只需要进行一次测量。

四、操作考核

表 2-9 中第 1 项为否定项,选表错误则实操不合格。

表 2-9 操作考核

序 号	考核要点	操作要点	得 分
1	选择仪表	选用 1 000 V/1 200 MΩ 兆欧表	
2	外观检查	仪表应无缺陷,指针摆动灵活,摇把无卡阻,表线完好无破损	
3	开路验表	L 线与 E 线分开,逐渐加速摇动手柄至 120 r/min,指针应指"∞"	
4	短路验表	L 线与 E 线短接,摇动手柄,慢摇至指针应偏转指"0"	
5	停电	断开电容器的电源开关	
6	验电	在电源断开处,验明三相无电压	
7	挂牌	挂标示牌"禁止合闸 有人工作"	
8	电容器放电	各相对地放电;相间放电	
9	拆除原接线	拆除电容器三相接线端子上原有的接线;擦拭干净电容器的三相接线端子绝缘套管	
10	封短接线端	用裸导线将电容器三相接线端子短接	
11	仪表接线	E 端接电容器外壳(地)的接地螺钉;L 端接电容器三相接线端子的短接线	
12	实际测量	先摇 120 r/min,再搭 L 线;指针稳定后读数;读数后,先撤 L 线再停摇表;最后放电	
13	合格标准	未运行过的电容器,绝缘电阻≥2 000 MΩ。 已运行过的电容器,绝缘电阻≥1 000 MΩ	
合 计			

项目三 电气安装基本操作

作为一名低压维修电工,首先应该掌握的是电气安装的一些基本操作技能,比如识别常用电工材料、导线剥削、导线连接、导线绝缘恢复、手工焊接等,为后续的安装接线技能学习打好基础。

学习目标

1. 知识目标

(1)熟悉常用电工材料的基本性能。

(2)熟悉各种导线的绝缘层剥削、连接、绝缘恢复的方法和操作注意事项。

(3)了解手工焊接的基本工具、材料、操作步骤和质量判断等基本知识。

2. 能力目标

(1)会识别常用电工材料。

(2)会对各种导线进行剥削、连接与绝缘恢复的操作。

(3)会焊接常用电气元件。

3. 素质目标

(1)养成节约资源的好习惯,不能浪费金属等不可再生资源。

(2)养成工作完毕,清理场地,检查现场,确认一切安全后才能离开的安全意识。

学习任务一 电工材料

电工材料属功能性基础材料,是电气、电子工业赖以生存和发展的物质基础,为电能的生产、传输、分配、控制和应用提供重要的物质保证。电工材料包括导电材料、绝缘材料、半导体材料、磁性材料和安装材料。

一、导电材料

导电材料是指用于输送和传导电流的材料,广泛用于电力传输、电磁屏蔽和安全接地。导电材料分为良导体材料和高电阻材料两类。常用的良导体材料有铜、铝、铁、钨、锡等。其中，铜、铝、铁主要用于制作各种导线和母线；钨的熔点较高，主要用于制作灯丝；锡的熔点低，主要用于制作导线的接头焊料和熔丝。常用的高电阻材料有康铜、锰铜、镍铜和铁铬铝等，主要用作电阻器和热工仪表的电阻元件。

电工领域使用的导电材料应电阻率小，输电损耗低；密度较小，质量小；机械强度高，牢固可靠；耐腐蚀、不氧化，使用寿命长；导热性能好，利于散热；热膨胀系数小，适应不同温度环境；易加工、易焊接，便于施工。

常用导电材料分为金属导电材料、复合材料和结构材料。金属导电材料的特点是导电性好，机械强度高，不易氧化和腐蚀，容易加工和焊接。金属中导电性能最佳的是银，其次是铜、铝；银的电导率很高，但价格昂贵，只在特殊场合使用，铜和铝是工业上最主要的导电金属材料。常用金属导电材料性能见表 3-1。铜的电阻率为 $1.69 \times 10^{-8}\ \Omega \cdot m$，密度为 $8.9\ g/cm^3$，导电性能好，机械强度高，延展性良好，便于加工，容易焊接，广泛应用于制造导线以及变压器、电动机和各种电器的线圈，如图 3-1 所示。铝的电阻率为 $4.77 \times 10^{-8}\ \Omega \cdot m$，密度为 $2.7\ g/cm^3$，导电性能较好，延展性良好，不易氧化，不容易焊接，常用来制作导线、铝母排和纯铝管材，如图 3-2 所示。

表 3-1 常用金属导电材料性能

材料名称	电阻率 ρ/($\times 10^{-8}\ \Omega \cdot m$)	抗拉强度/MPa	热导率 λ/(W/m·K)	密度/(g/cm³)	线胀系数/(10^{-6}/℃)	耐腐蚀性	可焊性
银（Ag）	1.59	160~180	418.7	10.5	18.9	中	优
铜（Cu）	1.69	200~220	396.4	8.9	16.6	上	优
金（Au）	2.40	130~140	296.4	19.3	14.2	上	优
铝（Al）	4.77	70~80	222	2.7	23.1	中	中
钨（W）	5.48	1 000~1 200	159.9	19.3	29.1	上	差
镍（Ni）	6.9	400~500	87.9	8.9	13.5	上	优
铁（Fe）	9.78	250~330	61.7	7.8	117	下	良
铂（Pt）	10.5	140~160	71.2	21.45	8.9	上	优
锡（Sn）	11.4	1.5~2.7	64.5	7.3	20	中	优
铅（Pb）	21.9	10~30	35	11.37	29.1	上	中

图 3-1 铜导体

图 3-2 铝导体

1. 导线

按照形状和结构不同,导线可分为裸导线、电磁线、绝缘导线和电缆;按照股数不同,导线可分为单股线和多股线,多股线是由几股或几十股线芯绞合在一起形成一根,有 7 股、19 股、37 股等。

1)裸导线

裸导线是无绝缘层及保护层的导电裸线,主要应用于电线电缆和电机、电器、变压器等装备的构件。按产品的形状和结构不同,裸导线分为裸单线、裸绞线、软接线、型线 4 种,如图 3-3 所示。裸单线分为普通线、镀(锡、银)层线、包覆(铝包钢)线,常用的圆形裸单线有铜质和铝质两类,TR 表示软圆铜线,TY 表示硬圆铜线,LR 表示软圆铝线,LY 表示硬圆铝线,一般用作电线电缆的线芯。裸绞线由多股单线绞合而成,与单线相比,柔软、抗拉强度高,LJ 表示铝绞线,应用于受力较小的架空电力线路的配电线;TJ 表示硬铜绞线,电气性能优越,用于架空输电线路;LGJ 表示钢芯铝绞线,抗拉强度高,用于架空输电线路、配电线路、重冰区及大跨越输电线路。软接线是由质地柔软的铜绞线编制而成,主要用于振动、弯曲场合,应用场合见表 3-2。型线是非圆形截面的裸电线,其截面有矩形、凹型、梯形、空心矩形等。

图 3-3 裸导线

表 3-2 软接线的应用场合

名 称	型 号	主要用途
裸铜电刷线	TS	供电机、电器线路电刷用
裸铜软绞线	TRJ TRJ-3 TRI-4	移动式电气设备连接线,如开关等。 要求较柔软的电气设备连接线,如接地线、引出线等。 供要求特别柔软的电气设备连接线,如晶闸管等元器件的引出线
软裸铜编织线	TRZ	移动式电气设备和小型电炉的连接线

2)电磁线

电磁线是用于电能与磁能相互转换的有绝缘层的导线,是用以制造电工产品中的线圈或绕组的绝缘电线,又称绕组线。电磁线通常分为漆包线、绕包线、无机绝缘电磁线和特种电磁线。漆包线是在导体外涂以相应的漆溶液,再经溶剂挥发和漆膜固化、冷却而制成。绕包线外层材料是棉纱和丝,故又称纱包线和丝包线,主要用作高频绕组线。电磁线的型号和主要用途见表 3-3。

表 3-3　电磁线的型号和主要用途

名　称	型　号	主要用途
漆包线	Q、QQ、QA、QH、QZ、QXY、QY、QAN	用作各种变压器、中小型电机、电气设备、电工仪表的线圈或绕组
绕包线	Z、ZL、ZB、ZLB、SBEC、SBECB、SE、SQ、SQZ	用作大中型变压器、电机、电气设备、电工仪表的线圈或绕组
无机绝缘电磁线	YML、YMLB、TC	用作起重电磁铁、高温制动器、干式变压器的绕组,并用于有辐射的场合
特种电磁线	SQJ、SEQJ、QQLBH、QQV、QZJBSB	用作中频变频器、大型变压器、潜水电机的线圈或绕组

3) 绝缘导线

绝缘导线是用铜或铝作为导电线芯,外层覆以塑料或橡胶等绝缘材料的导线,绝缘层起着隔离和保护的作用,应用广泛。塑料绝缘导线工作温度为 -15～+65 ℃,导体有铜、铝;线芯有单芯及多芯,多芯有护套,用于交流 500 V/直流 1 000 V 电气设备、电工仪表、照明线路,可用于室外、室内及埋地敷设。常见塑料绝缘导线包括 BV、BLV、BVV、BLVV、BVR 型聚氯乙烯绝缘导线和 RV、RVB、RVS、RVV 型聚氯乙烯绝缘软线。橡皮绝缘导线的线芯有单芯及多芯,导体有铜、铝,绝缘用橡胶,工作温度 <65 ℃,包括 BLXF(铝芯氯丁橡皮线)、BXF(铜芯氯丁橡皮线)、BXR(铜芯橡皮软线)、BLX(铝芯橡皮线)和 BX(铜芯橡皮线),用于交流 500 V/直流 1 000 V 电气设备和建筑物室内布线。常见绝缘导线的性能和应用场合见表3-4。

表 3-4　常见绝缘导线的性能和应用场合

产品名称	型号 铜芯	型号 铝芯	长期最高工作温度/℃	应用场合
橡皮绝缘导线	BX	BLX	65	用于交流 500 V 或直流 1 000 V 及以下,固定敷设于室内;可用于室外,也可作为设备内部
氯丁橡皮绝缘导线	BXF	BLXF	65	同 BX,耐气候性好,适于室外
橡皮绝缘软线	BXR	—	65	同 BX,仅用于安装要求柔软的场合
聚氯乙烯绝缘软导线	BVR	—	65	适用于各种交流直流电气装置,电工仪表、仪器、电信设备,动力及照明线路固定敷设
聚氯乙烯绝缘导线	BV	BLV	65	同 BVR,耐温性和耐气候性较好
聚氯乙烯绝缘护套圆形导线	BVV	BLVV	65	同 BVR,用于潮湿的、机械防护要求较高的场合,可明敷、暗敷或直埋
聚氯乙烯绝缘护套圆形软线	RVV	—	65	同 BV,用于潮湿的、机械防护要求较高的场合,以及经常移动、弯曲的场合
聚氯乙烯绝缘软线	RV、RVB、RVS	—	65	用于各种移动电器、仪表、电信设备及自动化装置(B 为两芯平型;S 为两芯绞型)
丁氰聚氯乙烯复合物绝缘软线	RFB、RFS	—	70	同 RVB、RVS,低温柔软性较好
棉纱编织橡皮绝缘双绞软线、棉纱纺织橡皮绝缘软线	RXS、RX	—	65	室内家用电器、照明电源线
中型橡套电缆	YZ	—	65	各种移动电气设备和农用机械电源线
中型橡套电缆	YZW	—	65	同 YZ,具有耐气候性和耐油性

在一些特殊场合需要应用耐热绝缘导线,如图3-4所示。RVR-105型聚氯乙烯绝缘软线的长期工作温度范围为 -15 ~ +105 ℃,AF、AFP型氟塑料耐热绝缘导线的长期工作温度范围为 -60 ~ +250 ℃。

4)电缆

屏蔽电缆如图3-5所示,其外层有铜网、铜箔屏蔽层,用于防止电磁波干扰。用于电器、电子、仪表、通信、计算机等。电压等级为250 V/500 V,工作温度为65 ℃、105 ℃、250 ℃ 3种,线芯有单芯及多芯,导体有铜、铝;绝缘用塑料或橡胶,如BVP、BVVP、RVP、RVVP为聚氯乙烯绝缘屏蔽线,适于交流300 V以下电器、仪表、电子设备及自动化装置;FNP、AVP为氟塑料、尼龙绝缘屏蔽线。

图3-4 耐热电线

图3-5 屏蔽电缆

电力电缆如图3-6所示,由线芯、绝缘层和保护层组成,线芯一般为铜、铝,绝缘层、内外护套一般为聚乙烯、聚氯乙烯、橡胶,户外用有铠装,芯数有1、2、3、3+1、4、4+1等,主要用于输电和配电,能输送和分配较大的电功率。Y系列通用橡胶电力电缆见表3-5。

表3-5 Y系列通用橡胶电力电缆

产品名称	型号	交流工作电压/V	特点和用途
轻型橡胶电力电缆	YQ	250	轻型移动电器装备和日用电器的电源线
	YQW		同上。具有耐气候性和一定的耐油性
中型橡胶电力电缆	YZ	500	各种移动电气装备和农用机械的电源线
	YZW		同上。具有耐气候性和一定的耐油性
重型橡胶电力电缆	YC	500	同YZ型。能承受较大的机械外力作用
	YCW		同上。具有耐气候性和一定的耐油性

2. 铝芯绝缘导线的选用

铝芯绝缘导线载流量与截面的倍数关系口诀如下:10下五,100上二;25、35,四、三界;70、95,两倍半;穿管、温度,八、九折;裸线加一半;铜线升级算。常用导线标称截面(单位为mm^2)为1、1.5、2.5、4、6、10、16、25、35、50、70、95、120、150、185等。

口诀所述的导线载流量用截面积乘以一定倍数来表示,其中阿拉伯数码表示导线截面(单位为mm^2),汉字数字表示倍数。"10下五"是指截面积在10 mm^2以下,载流量是截面积数值的五倍;"100 上二"(读作百上二)是指截面积在 100 mm² 以上的载流量是截面积数值的二倍;"25、35,四、三界"是指截面积 25 与 35 是四倍和三倍的分界处;截面积 70、95 则为二点五倍。截面积与倍数关系表见表 3-6。例如:当截面积为 6 mm² 时,算得载流量为 30 A;当截面积为 150 mm² 时,算得载流量为 300 A;当截面积为 70 mm² 时,算得载流量为 175 A。

图 3-6　电力电缆

表 3-6　铝芯绝缘导线载流量计算表

导线截面积/mm²	1~10	16、25	35、50	70、95	120 以上
载流量倍数	五	四	三	二倍半	二倍

"穿管、温度,八、九折;裸线加一半;铜线升级算"。"穿管、温度,八、九折"是指:若是穿管敷设(包括槽板等敷设,即导线加有保护套层),计算后,再打八折;若环境温度超过 25 ℃,计算后再打九折;若既穿管敷设,温度又超过 25 ℃,则打八折后再打九折,或简单按一次打七折计算。例如:10 mm² 铝芯绝缘线,穿管(八折)时的载流量为 40 A(10×5 A×0.8);高温(九折)时的载流量为 45 A(10×5 A×0.9);穿管又高温(七折)时的载流量为 35 A(10×5 A×0.7)。95 mm² 的铝芯绝缘线,穿管(八折)时的载流量为 190 A(95×2.5 A×0.8);高温(九折)时的载流量为 214 A(95×2.5 A×0.9);穿管又高温(七折)时的载流量为 166 A(95×2.5 A× 0.7)。

对于裸铝线的载流量,口诀指出"裸线加一半",即计算后再加一半。这是指同样截面裸铝线与铝芯绝缘线比较,载流量可加大一半。例如:截面积为 16 mm² 的裸铝线,其载流量为 96 A (16×4 A×1.5)。

对于铜导线的载流量,口诀指出"铜线升级算",即将铜导线的截面积排列顺序提升一级,再按相应的铝线条件计算。例如:35 mm² 的裸铜线,在 25 ℃ 时升级为 50 mm²,再按 50 mm² 裸铝线计算为 225 A(50×3 A×1.5);16 mm² 铜绝缘线,在 25 ℃ 时升级为 25 mm² 按 25 mm² 铝绝缘线的相同条件计算为 100 A(25×4 A)。

为了整机装配及维修方便,导线和绝缘套管的颜色选用要规范,符合标准要求,也便于识别。导线颜色按表 3-7 的规定选用。

表 3-7 导线颜色的使用规定

电路种类		导线颜色
交流电源线	相线 A	黄
	相线 B	绿
	相线 C	红
	中性线	浅蓝
	保护地线	黄绿双色
直流电路	+	棕
	GND	黑
	-	蓝

3. 电热材料

电热材料是用于制造加热设备中的发热元件,可作为电阻接到电路中,把电能转变为热能,使加热设备的温度升高,如电热管、电热带,如图 3-7 所示。一般由导线、电热丝、绝缘层、防护层、保护专用温控器组成,实现加热功能。电热材料应电阻率高,功率大;在高温时具有足够的机械强度和良好的抗氧化性能;具有足够的耐热性,以保证在高温下不变形;高温下的化学稳定性,不与炉内气氛发生化学反应等;热膨胀系数小,热胀冷缩小。电热材料可分为金属电热材料和非金属电热材料两大类,如镍铁合金(350~500 ℃)、铁铬铝合金(1 000~1 200 ℃)、镍铬合金(1 150~1 250 ℃)、石墨(3 000 ℃)、碳化硅(1 450 ℃)等。

图 3-7 电热管、电热带

4. 熔体材料

熔体材料(熔丝)装在熔断器内,当设备短路、过载,电流超过熔断值时,经过一定时间自动熔断,从而保护设备,如图 3-8 所示。短路电流越大,则熔断时间越短。熔体材料应低熔点,常用的熔体材料有银(Ag)、铅(Pb)、锡(Sn)、铋(Bi)、镉(Cd)及其合金。熔体的主要参数是额定电流和熔断电流。熔体能够长期正常工作不熔断的电流称为熔体的额定电流。另外,当通过熔体的电流超过某一电流时,经过一定时间,熔体会自动熔断,这一电流称为熔体的熔断电流。通用铅锡合金熔丝的熔断电流是额定电流的 1.3~2 倍。

熔断材料的选用和负载性质有关,对于电热器类阻性负载,熔丝的额定电流应为负荷额定电流的1.3~2倍;对于电动机类感性负载,熔丝的额定电流应为负荷额定电流的3倍;对于电焊机负载,熔丝的额定电流应为电焊机额定电流的1.5~2.5倍。

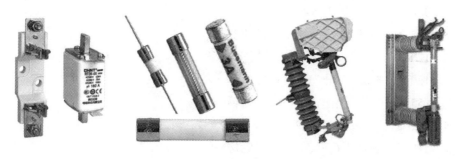

图3-8 熔体材料

5. 电阻合金

电阻合金按其主要用途可分为调节元件用、电位器用、精密元件用及传感元件用4种。电阻合金的温度系数低、阻值稳定、抗氧化性好、焊接性能好,如图3-9所示。调节元件用电阻合金主要用于电流(电压)调节与控制元件的绕组,常用的有康铜(Ni 30%~41%,Mn 1%~2%)、新康铜(Al 2.5%~4.5%,Mn 10%~12.5%,Ge 1%~1.6%)、铁铬合金(Cr 12%~15%,Al 14%~16%)等。电位器用电阻合金主要用于各种电位器及滑线变阻器,一般采用康铜、镍铬基合金和滑线锰铜。

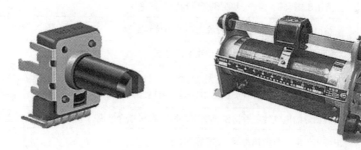

图3-9 电位器和滑线变阻器

二、绝缘材料

绝缘材料的主要作用是隔离带电的或不同电位的导体,使电流能按预定的方向流动。绝缘材料大部分是有机材料,其耐热性、机械强度和寿命比金属材料低得多。绝缘材料分为固体绝缘材料、液体绝缘材料和气体绝缘材料。其中,固体绝缘材料有绝缘纸、绝缘胶、云母、塑料、陶瓷和橡胶;液体绝缘材料有绝缘漆、变压器油、断路器油和电缆油;气体绝缘材料有空气、氮气、二氧化碳和六氟化硫。常见绝缘材料及其制品的用途见表3-8。

绝缘材料的主要性能包括电阻率、绝缘强度、耐热性能和机械强度。电阻率用 ρ 表示,单位为 $\Omega \cdot m$,反映材料的绝缘性能。当绝缘材料在外加电压下被击穿,即绝缘材料上的电流剧增,失去绝缘性能,此时的电场强度称为绝缘强度,单位是 kV/mm。机械强度是绝缘材料抗张、抗压、抗弯、抗剪、抗撕、抗冲击等的强度指标。耐热性能是指绝缘材料长期正常工作时允许的最高温度,分为:

Y 级 <90 ℃(木、竹、棉天然纤维);

A 级 <105 ℃(油、树脂浸渍的 Y 级纤维);

E 级 <120 ℃(玻璃布、环氧树脂、胶纸板等);

B 级 <130 ℃(聚酯、云母、玻璃、石棉);

F 级 <155 ℃(耐热树脂浸渍的 B 级材料);

H 级 <180 ℃(加厚的 F 级材料、云母、有机硅);

C 级 >180 ℃(黏合的石英、云母等无机材料)。

表 3-8　常见绝缘材料及其制品的用途

绝缘材料		主要用途
绝缘漆		浸渍电动机、电器的线圈和绝缘零件,以填充间隙和微孔间隙,提高它们的电气性能及力学性能
覆盖漆		用于覆盖经浸渍处理的绝缘零部件,在其表面形成均匀的绝缘护层,以防止机械损伤和受大气、润滑油和化学药品的侵蚀
硅钢片漆		用于涂覆硅钢片表面,以降低铁芯的涡流损耗,增强防锈及耐腐蚀性能
绝缘胶		主要用于浇注电缆接头、套管、20 kV 以下电流互感器、10 kV 以下电压互感器等
浸渍纤维制品	漆布	主要用于电动机、仪表、电器和变压器线圈的绝缘
	漆管	主要用于电动机、电器和仪表等设备的连接线绝缘
	玻璃纤维布	主要用于电动机、电器的衬垫和线圈的绝缘
电工层压制品		电工层压制品是以有机纤维、无机纤维作底材,浸涂不同的胶黏剂,经热压或卷制成的层状绝缘材料,可制成具有优良电气、力学性能和耐热、耐油、抗电弧、防电晕等特性的制品
压塑材料		具有良好的电气性能和防潮性能,尺寸稳定,机械强度高,适用于作电动机、电器的绝缘零件
云母材料	柔软云母板	主要用于电动机的槽绝缘、匝绝缘和相间绝缘
	塑料云母板	主要用作直流电动机换向器的 V 形环和其他绝缘零件
	云母带	适用于电动机、电器线圈及连接线的绝缘
	衬垫云母板	适用于作电动机、电器的绝缘衬垫
绝缘薄膜		主要用作电动机、电器线圈、电线电缆绕包绝缘以及作电容器介质

1. 固体绝缘材料

1)绝缘胶

绝缘胶(见图 3-10)与无溶剂漆相似,但黏度大,并加有填料。用于浇注电缆接头、套管、20 kV 以下电力互感器等,绝缘胶是由树脂加固化剂制成的,主要有电器浇注胶、电缆浇注胶两类。

2) 绝缘纸

绝缘纸属于绝缘纤维制品,如图 3-11 所示,主要有电话纸、电缆纸、电容器纸。电话纸用于电信电缆、电机绝缘;DL、GDL 型电缆纸用于 35~110 kV 电缆绝缘;B、BD 型电容器纸用于工业电容器。其材料有木、棉、聚酯、聚酰胺纤维,可以浸油或树脂,特点是绝缘性能优良,厚度薄而均匀,面积易控制。

绝缘纤维布属于绝缘纤维制品,主要有:玻璃纤维、锦纶、涤纶纤维织成的布带,用于包线、线圈绑扎、电缆保护内衬等,其特点是强度高、弹性好、易捆扎、耐热性好。

图 3-10　绝缘胶

3) 电工层压制品

电工层压制品是以多层绝缘纤维纸、布浸涂胶黏剂,经热压而成的板、管、棒状绝缘材料。其特点是成型简单、耐热、耐油、耐电弧,绝缘强度、机械强度高,常用基材有木纤维纸、玻璃丝布,胶黏剂有环氧、酚醛和有机硅树脂,如图 3-12 所示。

图 3-11　绝缘纸

图 3-12　电工层压制品

4) 电工用橡胶

橡胶的特点是绝缘性、弹性、柔软性好,主要用于电缆绝缘层和外护套及电工工具。常用的有天然橡胶和合成橡胶。其中,天然橡胶的特点是抗张强度、抗撕性、回弹性好,不耐热、不耐油,易燃、易老化,主要用于柔软、弯折和弹性高的电缆护套。耐压可达 6 kV,使用温度应小于 65 ℃。合成橡胶中,丁苯橡胶的特点是耐热性,抗弯曲开裂、耐磨性好,弹性、抗拉性、耐寒性差,一般与天然橡胶混合使用,主要用于电缆内层绝缘;氯丁橡胶的特点是阻燃、耐老化、耐油,电气性能差;氯磺化聚乙烯的特点是电气性能、阻燃性好,耐油、耐磨、耐酸碱、耐老化。

5) 电工用塑料

电工用塑料是用合成树脂、高分子材料及填料,热压制成的绝缘零件,其特点是电气性能优良、机械强度高、易于模具加工。

酚醛塑料,俗称电木,是一种硬而脆的热固性塑料。机械强度高,坚韧耐磨,尺寸稳定,耐腐蚀,电绝缘性能优异,适于制作电器、仪表的绝缘件。

ABS 塑料由苯乙烯、丁二烯、丙烯腈共聚而成,其电气性能优良、尺寸稳定、硬度高、易于加工、耐温性差。可注射、挤出、模具成型,一般用于制作仪表、电器、电工工具及电机零件或外壳。

聚酰胺，又称尼龙，其电气性能、机械性能好、耐磨、耐油、耐冲击、韧性好、自润滑。可注射、挤出、浇注成型或喷涂，一般用于插座、线圈骨架、电缆护层。

有机玻璃的特点是电气和机械性能好、易加工。耐磨、耐热性差，性脆。可溶于丙酮、氯仿等有机溶剂，用于制作一般电器零件。

电线电缆常用的热塑性塑料有聚乙烯和聚氯乙烯。其中，聚乙烯（PE）的特点是电气性能优异、结构稳定、耐潮、耐寒性优良，软化温度低，工作温度小于 70 ℃；聚氯乙烯（PVC）的特点是电气、机械性能优异，结构稳定，不延燃、成本低、加工方便。

绝缘胶带是由柔软的塑料、橡胶、纤维布涂胶制成的卷带。其特点是电气性能好，厚度薄，一般为 0.05~0.5 mm，且柔软、耐潮、防水、有自黏性，常用于电缆、电线连接绝缘恢复，电机、线圈绕包绝缘。其中，聚乙烯胶带的特点是电气性能、机械性能好，黏结力强，耐热性低于 90 ℃；聚酰亚胺胶带的特点是电气性能、机械性能好，耐热性好；织物粘带，又称黑胶布，是用棉布、玻璃丝布涂胶制成的，耐热性、耐寒性好；无底材橡胶粘带的特点是电气性能好，黏结力强，耐潮、防水、抗震性好，抗拉强度低。

6）玻璃、陶瓷与云母

电工用玻璃含有钾或钠氧化物属于碱玻璃，性能比纯石英玻璃差，常温下玻璃的绝缘性能很高，玻璃不易传热，温度急剧变化和分布不均时，易碎裂。抗压不抗拉和弯，玻璃一般用来做绝缘子。

电工用陶瓷有装置陶瓷、电容陶瓷和多孔陶瓷。装置陶瓷用于高低压线路绝缘子（瓷瓶、瓷柱）；电容陶瓷的特点是介质损耗小、介电常数大；多孔陶瓷的特点是击穿强度低、耐热性能高，常用于制造电阻器骨架、电热元件支架。

绝缘子主要用来支持和固定导线，如图 3-13 所示，低压架空线路用绝缘子有针式绝缘子和蝴蝶型绝缘子两种，用于在电压 500 V 以下的交、直流架空线路中固定导线。

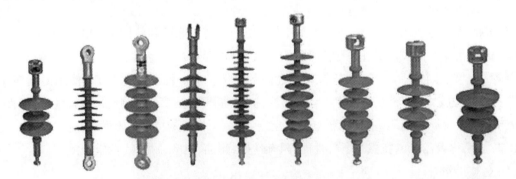

图 3-13　绝缘子

云母是一种铝代硅酸盐类天然矿物。无色透明，具有玻璃、金属光泽，呈很薄（0.01~0.03 mm）的多层叠层形状，可以剥离成薄片，如图 3-14 所示。其绝缘性能优良、化学稳定性高、抗电火花冲蚀、耐高温（白云母 550 ℃、金云母 1 000 ℃）、不吸潮、吸油易分解，氧化铁斑点杂质及皱纹会使绝缘性能降低。

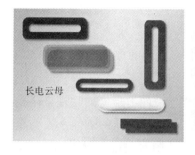

图 3-14 云母及其制品

2. 液体绝缘材料

1) 绝缘油

绝缘油有矿物油和合成油两类。与绝缘气体相比,其击穿场强高,传热好,用来隔离绝缘电器件、导热冷却双重作用;常用于电力变压器、少油断路器、高压电缆、油浸纸电容器。常用变压器油 DB、开关油 DV、电容器油 DD、电缆油 DL 等的击穿场强可达到 16~23 kV/mm。

绝缘油在储存、运输和运行过程中,要防止污染和老化。主要措施是用氮气隔离,防止接触空气被氧化;使用干燥剂防止吸收潮气;防止日光照射;加装散热管防止设备过热使油裂解。另外,变压器在检修时要对绝缘油进行过滤净化。

2) 绝缘漆

绝缘漆包括浸渍漆、漆包线漆、覆盖漆和硅钢片漆。

浸渍漆是用来浸渍电机、电器的线圈和绝缘零部件,以填充其间隙。常用的是醇酸浸渍漆、三聚氰胺醇酸浸渍漆、油改性聚酯浸渍漆和有机硅浸渍漆。

漆包线漆是用于漆包线的涂覆绝缘。主要有聚酯漆包线漆和聚氨酯漆包线漆。

覆盖漆是用于涂覆经浸渍处理后的线圈和绝缘零件,在其表面形成连续而均匀的漆膜,作为绝缘保护层,以防止机械损伤和化学侵蚀。常用的有醇酸漆、醇酸瓷漆、环氧酯漆、环氧酯瓷漆和有机硅瓷漆等。

硅钢片漆是用来降低硅钢片铁芯的涡流损耗,增强防锈、抗腐蚀、耐油、防潮性。其特点是附着力强、漆膜薄、坚硬、光滑、厚度均匀。

3. 气体绝缘材料

气体绝缘材料具有下述特点:化学性质稳定,惰性大,无腐蚀,无毒;不燃不爆,不易分解;热稳定性高,导热性好;击穿电压强度高,击穿后自动迅速恢复绝缘;容易制取,成本低。

1) 空气

空气的电阻率高,数值为 10^{16} Ω·m;直流击穿场强为 3.3 kV/mm,偏低;不燃不爆,物理化学性质稳定,无须制备。通过降低空气压力、湿度,可提高击穿场强。

2) 六氟化硫

六氟化硫化学分子式为 SF_6,不燃不爆、无色无臭、绝缘性能高、击穿场强大(是空气的 2.2~2.5 倍)、灭弧能力强(是空气的 100 倍)、热稳定性和化学稳定性好,被广泛用作高压电气设备的绝缘介质。

三、磁性材料

磁性材料又称铁磁材料,是电气设备、电子仪器、仪表与电信工业中的重要材料。

1. 物质的磁性

磁性是物质的基本属性,是吸引铁磁物质的能力。表征物质导磁能力高低的物理量是磁导率,用 μ 表示。磁导率 μ 越大,表示物质的导磁性能越好。工程上,常用物质的磁导率 μ 与真空的磁导率 μ_0 的比值,即相对磁导率 μ_r 来表示物质的导磁性能,其中真空的磁导率 $\mu_0 = 4\pi \times 10^{-7}$ H/m。电工用磁性材料的特点是相对磁导率 μ_r 远大于 1,可达几百甚至几万,自然界中的物质除铁、镍、钴是强磁性物质外,其余都是弱磁性物质,空气、铝、铂、锡的磁导率比真空稍大,氢、铜、银、金的磁导率比真空还小。磁性材料按其磁特性和应用分为软磁材料、硬磁材料和特殊磁性材料;按材料组成分为金属(合金)磁性材料和非金属磁性材料,铁氧体属于非金属磁性材料。磁性材料外形如图 3-15 所示。

图 3-15 磁性材料外形

2. 磁化特性

磁化曲线是磁性材料的磁感应强度 B 与外磁场的磁场强度 H 之间的关系曲线,简称 B-H 曲线。工程上常用磁化曲线和磁滞回线来反映磁性材料的基本特性。

原本无磁性的铁磁性物质放入磁场中时,铁磁性物质能够呈现磁性的现象称为磁化,此时得到的 B-H 曲线称为初始磁化曲线,如图 3-16 所示,可见,铁磁物质在磁场中磁化时,物质的磁感应强度 B 随磁场强度 H 的变化,也就是磁化特性是非线性的,磁化曲线上任一点的 B 与 H 之比——磁导率 μ 不是常数。如果铁磁物质经过由 0 到 H_m,然后由 H_m 到 $-H_m$,再由 $-H_m$ 到 H_m 一个循环的磁化而得到与原点对称的闭合曲线,称为磁滞回线,如图 3-17 所示。铁磁材料的磁感应强度 B 滞后于磁场强度 H 变化,当 H 变为零时,B 仍保持一定的数值 B_r,这个值称为剩磁感应强度,简称剩磁;如要将 B 降为零,必须加一个反向磁场,这个反向磁场的绝对值称为磁感应的矫顽力,简称矫顽力,用 H_r 表示。

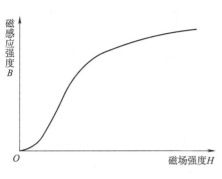

图 3-16 初始磁化曲线

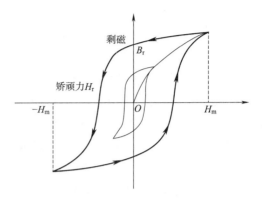

图 3-17 磁滞回线

3. 软磁材料

一般把矫顽力小于 10^3 A/m 的磁性材料归为软磁材料,其磁滞回线形状狭长且陡,如图 3-18 所示。软磁材料的主要特点是磁导率高、剩磁弱、矫顽力低;极易磁化也易消磁,磁滞不严重,损耗小。在交变磁场中工作的各种设备的铁芯都采用软磁材料。电工纯铁、硅钢片、铁镍合金、铁铝合金都是金属软磁材料,具有高饱和磁感应强度和低矫顽力,但电阻率低,适用于直流、低频和高磁场场合。铁氧体非金属软磁材料电阻率较高,适用于高频场合。软磁材料外形如图 3-19 所示。

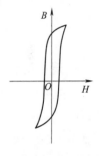

图 3-18 软磁材料的磁滞回线

图 3-19 软磁材料

1)电工纯铁

电工纯铁是含碳量在 0.04% 以下的铁。电工纯铁的电阻率很低,它的纯度越高,磁性能越好。工程上常采用电磁纯铁,饱和磁感应强度高、矫顽力低、居里温度高、冷加工性能好,但铁损太大,只用于直流场合,如电磁铁磁极、继电器铁芯和磁屏蔽。

2)硅钢片

硅钢片是在铁中加入 0.8%~4.5% 的硅形成的铁硅固溶体合金。硅钢片的主要特性是电阻率高,磁导率高,矫顽力和铁损较小,同时硬度和脆性高,导热系数小。硅钢片适用于各种交变磁场,广泛应用于变压器、交流异步电动机与电器产品,是电力和电信工业的基础材料。硅钢片分为热轧和冷轧两种。

3)铁镍合金

铁镍合金又称玻莫合金,是在铁中加入 36%~81% 的镍而成的高级软磁材料。其主要特点是在弱磁场下有很高的磁导率和低的矫顽力,电阻率不高,频率较高时铁损增大。主要用来制造家用电器中的小电机、小变压器、扼流圈、电磁机构和计算机的记忆元件。

4) 铁铝合金

铁铝合金是在铁中加入6%~15%的铝而形成的合金。其主要特点是电阻率高、质量小、硬度高、涡流损耗小。广泛用于微电机、电磁阀、脉冲变压器、继电器、磁放大器和互感器。

5) 软磁性铁氧体

软磁性铁氧体是由金属氧化物烧结而成的非金属磁性材料。其主要特点是电阻率高,在高频磁场作用下涡流损耗小,温度稳定性较差,用于制造高频电磁元件。外观黑色,硬而脆,电阻率是合金的1 000倍以上,适用于1 000 Hz~1 000 MHz的中频、高频和超高频场合,常用的铁氧体软磁材料有锰锌铁氧体和镍锌铁氧体。锰锌铁氧体的饱和磁感应强度B_s高,可达0.5 T,适用于100 kHz以下频率范围;镍锌铁氧体的电阻率高,适用于1~300 MHz高频。

4. 硬磁材料

一般把矫顽力大于10^4 A/m的磁性材料归为硬磁材料,其磁滞回线宽厚,如图3-20所示。硬磁材料又称永磁材料,其主要特点是剩磁强,适用于制造永久磁铁,广泛应用于磁电系测量仪表、扬声器、永磁发电机和通信设备。硬磁材料外形如图3-21所示。

图3-20 硬磁材料的磁滞回线

图3-21 硬磁材料

1) 铝镍钴合金

铝镍钴合金是一种金属硬磁材料,其组织结构稳定,具有优良的磁性能、良好的稳定性和较低的温度系数,主要用于电动机、微电机和磁电系仪表。

2) 铁氧体永磁材料

铁氧体永磁材料是以氧化铁为主,不含镍、钴贵重金属的非金属材料,价格低廉,电阻率高,是目前产量最多的一种永磁材料,主要用于高频器件。

3) 稀土钴化物

稀土钴化物是磁性最高的硬磁材料,剩磁大、矫顽力高、动态特性优良、结构性能稳定、不易受外磁场影响、价格昂贵、不适宜在200 ℃以上环境中工作。主要用于制作传感器、精密仪表、拾音器等的永磁体。

4) 钕铁硼合金

钕铁硼合金是先进硬磁性材料,主要用于电机产品。

四、其他电工材料

1. 线管和线槽

线管与线槽用于保护穿越其中的绝缘导线不受外界的机械损伤,保障安全及防潮、防腐。常用的线管和线槽包括有缝钢管、电线管、聚氯乙烯硬管、聚氯乙烯软管、自熄塑料电线管、金属软管、难燃聚氯乙烯电线槽管和瓷管。保护管径选用的原则是穿入管内的导线总截面积应不超过管孔截面积的40%。绝缘导线穿管根数与管径见表3-9,外形如图3-22所示。

表3-9 绝缘导线穿管根数与管径

导线截面积/mm²	500 V 绝缘导线根数														
	2			3			4			5			6		
	D	G	V	D	G	V	D	G	V	D	G	V	D	G	V
1.5	15	15	15	20	15	20	25	20	20	25	20	25	25	20	25
2.5	15	15	15	20	15	20	25	20	25	25	20	25	25	25	25
4	20	15	20	25	20	25	25	20	25	25	25	25	32	25	32
6	20	15	20	25	20	25	25	25	25	32	25	32	32	25	32
10	25	20	25	32	25	32	40	32	40	40	32	40	50	40	40
16	32	25	32	40	32	40	40	32	40	50	40	50	50	50	50
25	40	32	40	50	32	50	50	40	50	50	50	50	50	50	70
35	40	32	40	50	40	50	50	50	50	70	50	70	70	70	70
50	50	40	50	50	40	50	70	50	70	80	70	70	80	70	80
70	70	50	70	80	70	70	80	80	80	—	80	—	—	100	—
95	70	70	70	80	70	80	—	80	—	100	—	100	—	100	—
120	80	70	80	—	80	—	100	—	100	—	100	—	100	—	—

注:D 表示薄壁管(按外径计算),G 表示厚壁管(按内径计算),V 表示硬塑料管(按外径算)。

(a)镀锌电线管

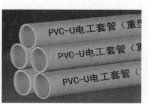
(b)PVC硬管

(c)PVC软管

(d)电缆槽及连接件

图3-22 线管和线槽

1)焊接钢管

焊接钢管又称有缝钢管,包括镀锌钢管和不镀锌钢管两种。镀锌钢管抗腐蚀性强,常用于潮湿、有腐蚀介质场所暗敷,一般为暗敷。不镀锌钢管抗腐蚀性差,常用于干燥场所,一般为明敷。

2) 电线管

电线管是穿绝缘导线的专用钢管,管壁较薄,管壁内外均涂一层绝缘漆,常用于不受外力的干燥场合明敷或暗敷,其标称直径为管子外径。

3) 聚氯乙烯硬管

聚氯乙烯硬管即 PVC 管,其特点是耐腐蚀、质量小,适于腐蚀严重的场合。分为轻型和重型两种,轻型的使用压力为 6×10^5 Pa,重型的使用压力为 9.8×10^5 Pa,标称直径为管子内径。

4) 聚氯乙烯软管

聚氯乙烯软管常用作电气连接线套管,一般有红、黄、蓝、白和黑等多种颜色。其标称直径为管子内径。

5) 自熄塑料电线管

自熄塑料电线管是以改性聚氯乙烯为原料制成的,具有良好的自熄和绝缘性、耐腐蚀性、韧性好、色泽美观、质量小、价格低,安装采用扩口承插胶粘连接方法,并有接线盒、灯头箱、入盒接头、弯头末节、胶黏剂配套。其标称直径为管子外径,每根长度为 4 m。

6) 金属软管

金属软管俗称蛇皮管,由 0.5 mm 的双面镀锌薄钢带压扁卷制而成,主要用于保护活动场合的导线,如机床主控电路板与外部连接导线就用金属软管作保护。金属软管的标称直径为管子内径。

7) 难燃聚氯乙烯槽管

难燃聚氯乙烯电线槽管是以聚氯乙烯树脂粉为主要原料,加入阻燃剂、增强剂生产而成的。该产品具有绝缘、阻燃和耐腐蚀特性,并具有抗冲击、抗拉和抗弯强度大的特点,常用于工厂和民用建筑电气配线中。难燃聚氯乙烯槽由槽身和槽盖组成,适于敷设在建筑物的可见部位,也可用于敷设高频线路和电缆。难燃聚氯乙烯管敷设在建筑物的天花板内、地板下和一些明敷场合,也可用于输送有腐蚀性的流体或者自来水进水和排水管。

8) 瓷管

在交流或直流 500 V 以下的低压户内线路导线穿过墙壁或楼板时常有瓷管保护,瓷管有直管、弯管和包头管 3 种形式。

2. 电线电缆导体连接头

电线电缆导体连接头是用于电线、电力电缆与电气设备之间以及电线、电力电缆之间的连接。按连接形式可分为终端连接头与中间连接管;按材料分可分为铜连接头(管)、铝连接头(管)、铜铝过渡连接头(管)。

1) 接线端子

接线端子(头)俗称铜鼻子,适用于配电装置中电线、电力电缆与电气设备的连接。按材料分,有铝材系列、铜材系列、铜铝过渡系列;按形状和功能分,主要有开口(O)系列与堵油(D)系列,如图 3-23 所示。用于 0.5~8 mm² 导线的接线端子常用型号为 OT、UT、C45 和 SC,用于 10 mm² 以上导线的接线端子常用型号为 DT、OT 和 DTL。

项目三　电气安装基本操作

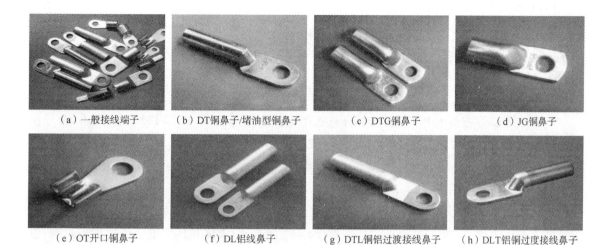

（a）一般接线端子　　（b）DT铜鼻子/堵油型铜鼻子　　（c）DTG铜鼻子　　（d）JG铜鼻子

（e）OT开口铜鼻子　　（f）DL铝线鼻子　　（g）DTL铜铝过渡接线鼻子　　（h）DLT铝铜过度接线鼻子

图3-23　接线端子

2）接线管

接线管适用于配电装置中各种圆形、半圆扇形电线、电力电缆之间的连接。按材料可分为铝材系列、铜材系列、铜铝过渡系列，如图3-24所示。

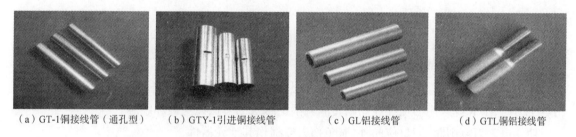

（a）GT-1铜接线管（通孔型）　　（b）GTY-1引进铜接线管　　（c）GL铝接线管　　（d）GTL铜铝接线管

图3-24　接线管

3. 电线电缆用绝缘封端

热缩管具有遇热收缩的特殊功能，如图3-25所示。按材质可分为PE热缩管、PVC热缩软管、PET热缩管，可用于不同场合、不同要求的产品包覆、绝缘。

图3-25　热缩管

1) PE 热缩管

PE 热缩管是由一种特制的聚烯烃材料制作而成,其具有低温收缩、柔软阻燃、绝缘防蚀功能。广泛应用于各种线束、焊点、电感的绝缘保护,金属管、棒的防锈、防蚀等,电压等级为 600 V。

2) PVC 热缩软管

PVC 热缩软管主要由 PVC 原料制作而成,产品按耐温分为 85 ℃和 105 ℃两大系列,环保 PVC 热缩软管耐高温性能好、无二次收缩、耐酸耐碱耐腐蚀,加热 98 ℃以上即可收缩,使用方便。主要用于电解电容器、电感、低压室内母线铜排、接头、线束的标识、绝缘外包覆。

3) PET 热缩管

PET 热缩管即聚酯热缩套管,是 PVC 热缩套管的升级替代产品,从耐热性、电绝缘性能、机械性能上都大大优于 PVC 热缩软管,且无毒性,易于回收,对人体和环境不会产生毒害影响,更符合环保要求,主要应用于电解电容器、电感等电子元件,高档充电电池,玩具及医疗器械的外包覆。

学习任务二　导线连接

一、导线剥削

1. 剥削导线绝缘层的技术要求

不论采用哪种剥削方法,剥削时千万不可损伤金属线芯;如果损伤较大,应重新剥削。在使用电工刀时,不允许采用刀在导线周围转圈剥削绝缘层的方法以免破坏线芯。

使用电工刀剥削时,刀口应向外,避免伤人或损伤其他元器件。

根据接头需要,参考不同接头方式和导线截面积,剥削线头的长短要合适。

2. 导线的剥削

1) 塑料硬导线绝缘层的剥削

对于芯线截面积为 4 mm² 或以下的塑料硬线,应采用钢丝钳剥削法,如图 3-26 所示。具体操作步骤是:

(1) 用左手握住导线,根据线头所需长短用钢丝钳钳口切割绝缘层,但不可切入芯线。

(2) 用右手握住钢丝钳头部用力向外去除塑料绝缘层。

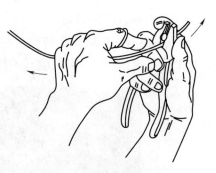

图 3-26　钢丝钳剥削法

(3) 如发现芯线损伤较大,应重新剥削。

对于芯线截面积大于 4 mm² 的塑料硬线,应采用电工刀剥削法,如图 3-27 所示。

具体操作步骤如下:

① 根据需要剥削的长度,用电工刀以 45°角倾斜切入塑料绝缘层。

②刀面与芯线保持15°角左右,用力向线端推削,不可切入芯线,削去上面一层塑料绝缘。
③将下面塑料绝缘层向后扳翻,然后用电工刀切去。

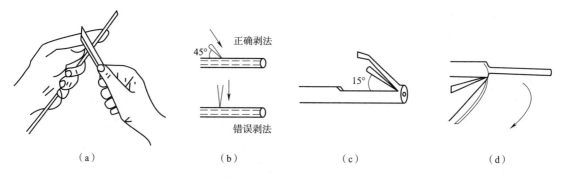

图 3-27　电工刀剥削法

2）塑料软导线绝缘层的剥削

塑料软导线绝缘层的剥削采用剥线钳或钢丝钳,不可用电工刀剥离,因为用电工刀剥离容易切断线芯。

3）塑料护套线绝缘层的剥削

塑料护套线绝缘层的剥削采用电工刀,方法如下:

（1）按所需长度用电工刀刀尖对准芯线缝隙间划开护套层,如图3-28（a）所示。

（2）向后扳翻护套层,用刀切去,如图3-28（b）所示。

（3）之后剥削方法如同塑料硬导线绝缘层的去除方法,根据线径选用钢丝钳剥削法或者电工刀剥削法。

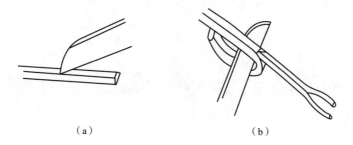

图 3-28　塑料护套线绝缘层的剥削方法

4）橡皮线绝缘层的剥削

橡皮线绝缘层的剥削采用电工刀,方法是:先把编织保护层用电工刀划开,与剥离护套层的方法类似,然后用剥削塑料线绝缘层相同的方法剥去橡胶层,最后将松散棉纱层移至根部,用电工刀切去。

5）花线绝缘层的剥削

花线绝缘层的剥削采用电工刀,因棉纱织物保护层较软,可用电工刀割切一圈后将花线层去掉,然后按剥削橡皮线的方法进行剥削。

6) 橡套软线的护套层和绝缘层的剥削

橡套软线的护套层的剥离方法与塑料护套层类似,然后按花线绝缘层的剥削方法进行剥削。

二、导线连接

1. 导线连接的技术要求

在配线工程中导线连接是一道非常重要的工序。安装的线路能否安全可靠地运行,在很大程度上取决于导线接头的质量。导线连接应用于单芯线、电缆线和电气设备接线,其目的是提高导线接头的质量,杜绝安全隐患。

导线连接的技术要求是:

(1)接触紧密,接头电阻尽可能小,稳定性好,与同长度、同截面导线的电阻比值不应大于1.2。

(2)连接处的绝缘强度必须良好,其性能应与原导线的绝缘强度一样。

(3)接头的机械强度不应小于导线机械强度的80%。

(4)接头处应耐腐蚀。

2. 导线的连接

1) 单股导线的直接连接

(1)绞接法。对于小截面积单股芯线采用绞接法,如图3-29所示。具体步骤如下:

①作一字形连接时,将两导线端去其绝缘层作 X 相交。

②互相绞合2~3匝。

③两线端分别紧密向芯线上并绕6~8圈,多余线端剪去,钳平切口。

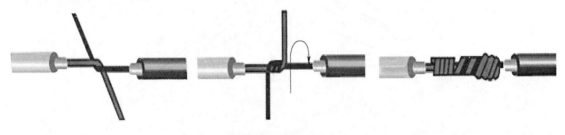

图3-29 绞接法

(2)缠绕法。对于大截面积单股芯线采用缠绕法,如图3-30所示。具体步骤如下:

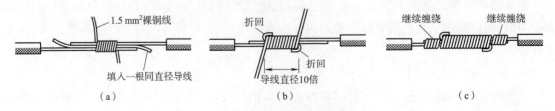

图3-30 缠绕法

①先在两导线的芯线重叠处填入一根相同直径的芯线。

②再用一根截面积约 1.5 mm² 的裸铜线在其上紧密缠绕,缠绕长度为导线直径的 10 倍左右,然后将被连接导线的芯线线头分别折回。

③再将两端的缠绕裸铜线继续缠绕 5~6 圈后剪去多余线头。

(3) T 形连接法。对于单股芯线还可以采用 T 形连接法,如图 3-31 所示。作 T 字分支连接时,支线端和干线十字相交,使支线芯线根部留出约 3 mm 后在干线缠绕一圈,再环绕成结状,收紧线端向干线并绕 6~8 圈剪去余线。

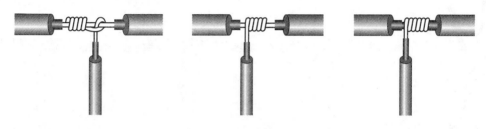

图 3-31　T 形连接法

2) 多股导线的直接连接

(1) 绞接法。多股导线直线绞接法,如图 3-32 所示,具体步骤如下:

①将剥去绝缘层的多股芯线拉直,将其靠近绝缘层的约 1/3 芯线绞合拧紧,而将其余 2/3 芯线成伞状散开,另一根需连接的导线芯线也如此处理。

②将两伞状芯线相对着互相插入后捏平芯线,然后将每一边的芯线线头分作 3 组,例如 7 股导线按根数 2 根、2 根、3 根分为 3 组。

③先将某一边的第 1 组线头翘起并紧密缠绕在芯线上。

④再将第 2 组线头翘起并紧密缠绕在芯线上。

⑤最后将第 3 组线头翘起并紧密缠绕在芯线上。

⑥以同样方法缠绕另一边的线头。

⑦最后 3 股芯线绕至根部。

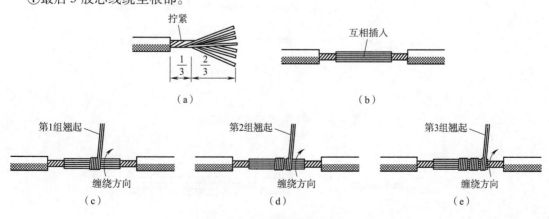

图 3-32　多股导线直线绞接法

(2)T形连接法。多股导线的T形连接法,如图3-33所示,具体步骤如下:

①将支路芯线靠近绝缘层的约1/8芯线绞合拧紧,其余7/8芯线分为两组。

②一组插入干路芯线当中,另一组放在干路芯线前面,并朝右边按图3-33(b)所示方向缠绕4～5圈,剪去余线,钳平切口。例如7股导线,4根一组的插入干线的中间,将3根芯线的一组往干线一边按顺时针缠圈。

③将插入干路芯线当中的那一组朝左边缠绕4～5圈。连接好的导线如图3-33(d)所示。

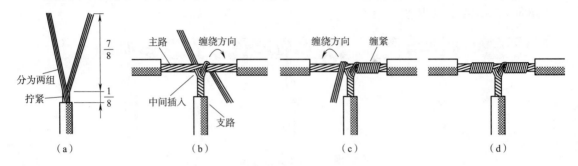

图3-33 多股导线的T形连接法

3)紧压连接

紧压连接是指用铜或铝套管套在被连接的芯线上,再用压接钳或压接模具压紧套管使芯线保持连接。铜导线的连接应采用铜套管,铝导线的连接应采用铝套管。紧压连接前应先清除导线芯线表面和压接套管内壁上的氧化层和粘污物,以确保接触良好。铝导线虽然也可采用绞合连接,但铝芯线的表面极易氧化,日久将造成线路故障,因此铝导线通常采用紧压连接。

铜导线与铝导线的连接。当需要将铜导线与铝导线进行连接时,必须采取防止电化腐蚀的措施。因为铜和铝的标准电极电位不一样,如果将铜导线与铝导线直接绞接或压接,在其接触面将发生电化腐蚀,引起接触电阻增大而过热,造成线路故障。常用的防止电化腐蚀的连接方法有两种。

(1)采用铜铝套管。铜铝套管的一端是铜质,另一端是铝质,如图3-34所示。

(2)将铜导线镀锡后采用铝套管连接,如图3-35所示。

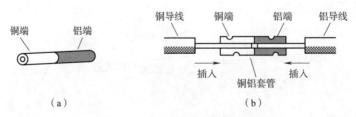

图3-34 用铜铝套管连接铜铝线

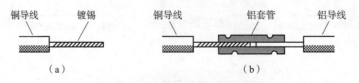

图3-35 用铝套管连接铜铝线

4）焊接连接

铜导线也可采用焊接连接方法，如图 3-36 所示。首先将导线绞合在一起，然后对于截面积 16 mm² 以上较粗的铜导线可采用浇注的方式焊接，对于较小截面积的导线可用电烙铁直接焊接。

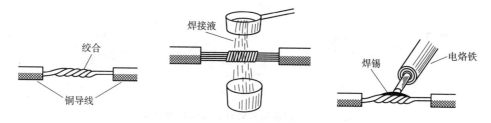

图 3-36　焊接连接方法

5）针孔式接线柱连接

单股线头与针孔接线柱的连接。连接时，一定要将导线在针孔中插到底，且不得使绝缘层插入针孔，针孔外裸线头的长度不得超过 3 mm，线径较小的单股芯线折成双股插入针孔，线径较大的单股芯线插入针孔，如图 3-37 所示；凡是有两个压紧螺钉的，应先拧紧孔口的一个，再拧紧近孔底的另一个，如图 3-38 所示。多股芯线与针孔式接线柱的连接如图 3-39 所示。

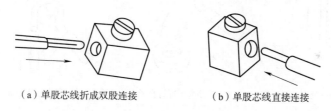

（a）单股芯线折成双股连接　　（b）单股芯线直接连接

图 3-37　针孔式接线柱连接

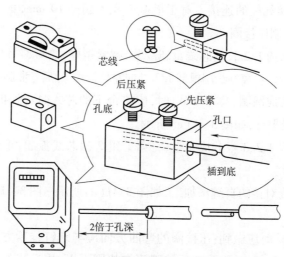

图 3-38　两个压紧螺钉针孔的连接方法

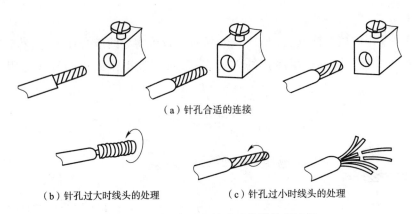

(a) 针孔合适的连接

(b) 针孔过大时线头的处理　　(c) 针孔过小时线头的处理

图 3-39　多股芯线与针孔式接线柱的连接

6）平压式接线柱连接

单股线头与平压式接线柱的连接如图 3-40 所示。连接时应做到：压接圈的弯曲方向应与螺钉拧紧方向一致，连接前应清除压接圈、接线桩和垫圈上的氧化层，再将压接圈压在垫圈下面，用适当的力矩将螺钉拧紧，以保证良好的接触。压接时，不得将导线绝缘层压入垫圈内。

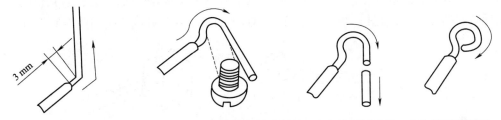

(a) 离绝缘层根部约 3 mm 处向外侧折角　　(b) 按略大于螺钉直径弯曲圆弧　　(c) 剪去芯线余端　　(d) 修正圆圈致圆

图 3-40　单股线头与平压式接线柱的连接

多股芯线与平压式接线柱的连接。对于横截面积不超过 10 mm^2 的 7 股及以下多股芯线，应按图 3-41 所示方法弯制压接圈。

(1) 把离绝缘层根部约 1/2 长的芯线重新绞紧，越紧越好，如图 3-41(a) 所示。

(2) 将绞紧部分的芯线，在离绝缘层根部 1/3 处向左外折角，然后弯曲圆弧，如图 3-41(b) 所示。

(3) 当圆弧弯曲得将成圆圈（剩下 1/4）时，应将余下的芯线向右外折角，然后使其成圆，捏平余下线端，使两端芯线平行，如图 3-41(c) 所示。

(4) 把散开的芯线按 2、2、3 根分成 3 组，将第 1 组 2 根芯线扳起，垂直于芯线（要留出垫圈边宽，如图 3-41(d) 所示。

(5) 按 7 股芯线直线对接的自缠法加工，如图 3-41(e) 所示。图 3-41(f) 是缠成后的 7 股芯线压接圈。

压接圈与接线桩连接时应做到：压接圈的弯曲方向应与螺钉拧紧方向一致，连接前应清除压接圈、接线桩和垫圈上的氧化层，再将压接圈压在垫圈下面，用适当的力矩将螺钉拧紧，以保证良好的接触。压接时，不得将导线绝缘层压入垫圈内。

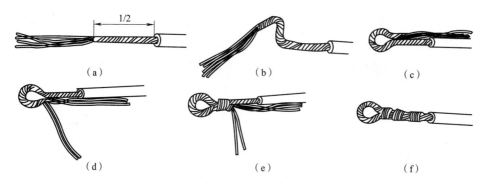

图 3-41 多股芯线与平压式接线柱连接的接头处理方法

7) 线头与瓦形接线柱的连接

如图 3-42 所示,瓦形接线柱的垫圈为瓦形。为了保证线头不从瓦形接线柱内滑出,压接前应先将已去除氧化层和污物的线头弯成 U 形,如图 3-42(a)所示,然后将其卡入瓦形接线柱内进行压接。如果需要将两个线头接入一个瓦形接线柱内,则应使两个弯成 U 形的线头重合,然后将其卡入瓦形垫圈下方进行压接,如图 3-42(b)所示。

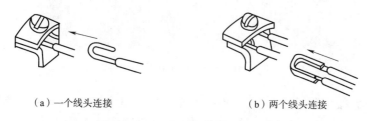

(a) 一个线头连接　　　　　　　　(b) 两个线头连接

图 3-42 线头与瓦形接线柱的连接

8) 导线的封端

导线的封端是指将大于 10 mm² 的单股铜芯线、大于 2.5 mm² 的多股铜线和单股芯线的线头,进行焊接或压接到接线端子的接线过程。常采用一种铜铝过渡接头,又称接线耳。导线的封端工艺见表 3-10。

表 3-10 导线的封端工艺

导线材质	选用方法	封端工艺
铜	锡焊法	(1) 除去线头表面、接线端子孔内的污物和氧化物; (2) 分别在焊接面上涂上无酸焊剂,线头搪上锡; (3) 将适量焊锡放入接线端子孔内,并用喷灯对其加热至熔化; (4) 将搪锡线头插入端子孔内,至熔化的焊锡灌满线头与接线端子孔内壁所有间隙; (5) 停止加热,使焊锡冷却,线头与接线端子牢固连接
铜	压接法	(1) 除去线头表面、压接管内的污物和氧化物; (2) 将 2 根线头相对插入,并穿出压接管(伸出 26~30 mm); (3) 用压接钳进行压接
铝	压接法	(1) 除去线头表面、压接管内的污物和氧化物; (2) 分别在线头、接线孔 2 个接触面涂上中性凡士林; (3) 将线头插入接线孔,用压接钳进行压接

铝线与铜接线桩的连接:将铝导线和接线耳铝端内孔清理干净,涂中性凡士林或导电胶,再将铝导线插入接线耳铝端,用压接钳压接,接线耳的铜端再与设备的接线桩连接。铜线与铜接线桩的连接:将多股芯线镀锡后插入铜接线耳尾端,用压接钳压接,接线耳的另一端再与设备的接线桩连接。压接钳压接方法如图3-43所示。

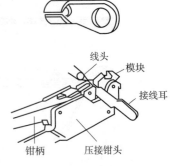

图3-43 压接钳压接方法

3. 网线制作

材料与工具:双绞线、水晶头和网线钳,如图3-44所示。水晶头是网络连接中重要的接口设备,是一种能沿固定方向插入并自动防止脱落的塑料接头,用于网络通信,型号为RJ-45,主要用于连接网卡端口、集线器、交换机、电话等。

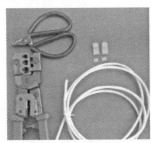 

图3-44 网线制作的材料与工具

网线有两种做法,一种是交叉线,一种是直连(平行)线。PC连接交换机和其他网络接口、其他连接的双方地位不对等的情况下都使用直连线。连接的两台设备是对等的,例如都是两台PC、笔记本计算机等,使用交叉线,两者的差别是线序不一致,连接器相同。

交叉线的做法是:一头采用T568A标准,一头采用T568B标准。T568A标准为绿白、绿、橙白、蓝、蓝白、橙、棕白、棕;T568B标准为橙白、橙、绿白、蓝、蓝白、绿、棕白、棕。T568B标准导线排列,如图3-45(a)所示。直连线的做法是:两头采用同样的标准,同为T568A标准或T568B标准。如图3-45(a)所示T568B标准直连接线制作时,导线排列为先虚后实,即先双色线,后单色线,水晶头的弹片朝外,入线口朝下,从左到右,线序分别为1~8,对应橙白、橙、绿白、蓝、蓝白、绿、棕白、棕颜色导线。直连线和交叉线效果如图3-45(b)所示。

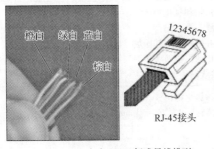 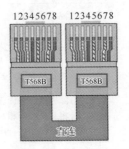 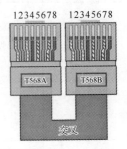

(a) T568B标准导线排列　　　　　　　　(b) 直连线和交叉线效果图

图3-45 交叉线

1—橙白;2—橙;3—绿白;4—蓝;5—蓝白;6—绿;7—棕白;8—棕

EIA/TIA 568B 标准直通线制作方法：

(1)将网线胶皮剪掉长约 2 cm 的长度，露出 8 条不同颜色的小线。

(2)将导线按照橙白、橙、绿白、蓝、蓝白、绿、棕白、棕的顺序排列，然后用网线钳剪齐。如图 3-46 所示。

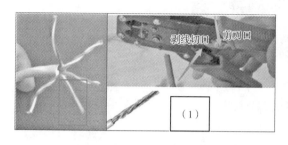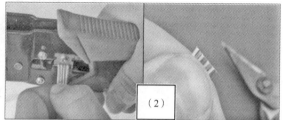

图 3-46　EIA/TIA 568B 标准直通线制作第(1)、(2)步

(3)把 8 根小线整齐地插进水晶头里(水晶头有塑料弹簧片的一端向下)，注意要用力，把整齐的 8 根线插入水晶头，使 8 根小线能够紧紧地顶在顶端。

(4)把带网线的水晶头放入网线钳压线槽内，紧紧用力握住，以保证金属引脚能和网线良好接触。

(5)按照相同的方法接好另一端，最后使用测线仪测试是否接通。测试时，若两端显示灯亮的顺序一致，即网线是通的，如图 3-47 所示。

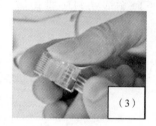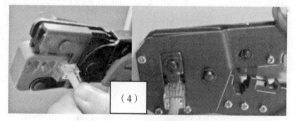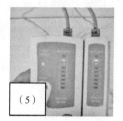

图 3-47　EIA/TIA 568B 标准直通线制作第(3)~(5)步

三、导线绝缘恢复

1. 绝缘材料

在线头连接完成后，破损的绝缘层必须恢复。恢复后的绝缘强度不应低于原有的绝缘强度。在恢复导线绝缘时，常用的绝缘材料有黑胶布、黄蜡带、自黏性绝缘橡胶带、电气胶带等。一般绝缘带宽度为 10~20 mm 较合适。其中，电气胶带又称相色带，一般有红、绿、黄、黑等颜色，如图 3-48 所示。

2. 包缠方法

包缠时，首先将黄蜡带从线头的一边在绝缘层离切口 40 mm 开始包缠，使黄蜡带与导线保持 55°倾斜角，后一圈叠压在前一圈 1/2 的宽度上。黄蜡带包缠完以后，将黑胶布接在黄蜡带的尾端，朝相反的方向斜叠包缠，仍倾斜 55°，后一圈叠压在前一圈 1/2 处。

图 3-48　常用绝缘材料

1) 一字导线接头的绝缘处理

一字导线接头的绝缘处理如图 3-49 所示,具体步骤是:

(1) 先包缠一层黄蜡带,再包缠一层黑胶布。将黄蜡带从接头左边绝缘完好的绝缘层上开始包缠,包缠 2 圈后进入剥除了绝缘层的芯线部分。

(2) 包缠时黄蜡带应与导线成 55°左右倾斜角,每圈压叠带宽的 1/2,直至包缠过一字导线接头,一直绕过完好绝缘层的 2 倍胶带宽度处。

(3) 将黑胶布接在黄蜡带的尾端,按另一斜叠方向从右向左包缠,仍每圈压叠带宽的 1/2,直至将黄蜡带完全包缠住。在包缠处理中,应用力拉紧胶带,注意不可稀疏,更不能露出芯线,以确保绝缘质量和用电安全。对于 220 V 线路,可不用黄蜡带,只用黑胶布或塑料胶带包缠 2 层。在潮湿场所应使用聚氯乙烯绝缘胶带或涤纶绝缘胶带。

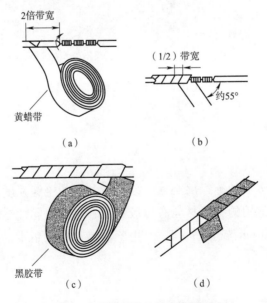

图 3-49　一字导线接头的绝缘处理方法

2)T字导线接头的绝缘处理

导线分支接头的绝缘处理基本方法同上,T字分支接头的包缠方向如图3-50所示,走一个"T"字形的来回,使每根导线上都包缠两层绝缘胶带,每根导线都应包缠到完好绝缘层的2倍胶带宽度处。

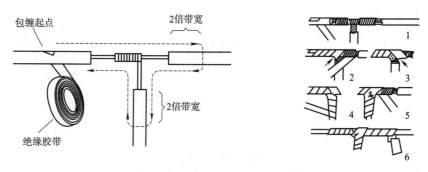

图3-50 T字导线接头绝缘处理方法

3)十字导线接头的绝缘处理

对导线的十字分支接头进行绝缘处理时,包缠方向如图3-51所示,走一个十字形来回,使每根导线上都包缠两层绝缘胶带,每根导线也都应包缠到完好绝缘层的2倍胶带宽度处。

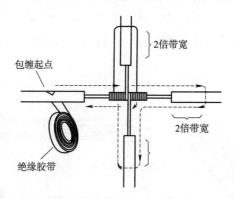

图3-51 十字导线接头绝缘处理方法

学习任务三 手工焊接

焊接是金属连接的一种方法。利用加热手段,使得焊接材料熔化在两个被焊金属的接触面上,冷却后焊料凝固,形成焊点,从而实现两金属之间的电气与机械的连接。

一、焊接工具

1. 电烙铁

电烙铁是手工焊接的必备工具,主要用于焊接元件及导线。按结构可分为内热式电烙铁、外热式电烙铁和恒温电烙铁,如图 3-52 所示;按烙铁头的形状可分为锥形、刀头(K 头)、圆斜面形(马蹄形),如图 3-53 所示。

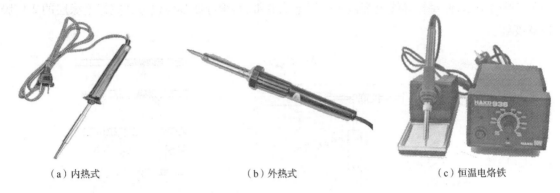

（a）内热式　　　　　　　　（b）外热式　　　　　　　　（c）恒温电烙铁

图 3-52　电烙铁

内热式与外热式电烙铁基本组成如图 3-54 所示,均由烙铁头、烙铁芯、外壳、手柄等组成,但烙铁芯与烙铁头的结构不同,位置关系不同,加热方式也不同,故具有不同的特点和应用范围。内热式电烙铁功率小,主要有 20 W、35 W、50 W 规格,用于焊接小型元器件;其烙铁头为空心筒状,使用寿命较短,烙铁芯易被摔断,同时具有热损耗小,预热时间较短的特点。外热式电烙铁功率较大,有 25 W、30 W、50 W、75 W、100 W、150 W、300 W 等多种规格,既适合于焊接小型元器件,又适合于焊接大型元器件;其烙铁头为实心杆状,使用寿命较长,另外,热损耗大,加热效率低,预热时间稍长。

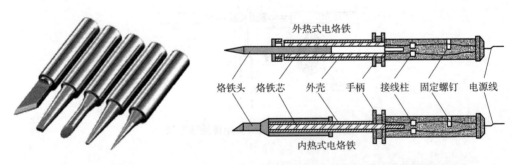

图 3-53　烙铁头　　　　图 3-54　内热式与外热式电烙铁基本组成

工作中,要根据不同场合、不同对象选用合适的电烙铁。电烙铁的功率越大,热量越大,烙铁头的温度就越高,然而功率过大也容易烧坏元件;焊接电路板时,一定要掌握好时间。一般来说最恰当的时间在 1.5～4 s 内完成焊接。使用中应保持烙铁头的清洁,必须将烙铁头镀上锡存放;使用时不能将烙铁头在硬物上敲打,电烙铁不用时应放在烙铁架上;用完后,务必及时将电源关掉,防止引发火灾。

2. 吸锡器

吸锡器是用于拆焊的工具,有带加热功能和不带加热功能两种形式,如图 3-55 所示。带加热功能的吸锡器可独立使用,不带加热功能的吸锡器与电烙铁结合使用。使用不带加热功能的吸锡器时,先将吸锡器的活塞滑杆向下压至卡住;用电烙铁加热焊点至焊料熔化;移开电烙铁的同时,迅速把吸锡器的吸嘴贴上焊点,并迅速按动吸锡器按钮。如果一次吸不干净,可重复操作多次。

图 3-55　吸锡器

3. 烙铁架

烙铁架如图 3-56 所示,其用来搁置电烙铁,烙铁架底下的海绵用于清洗烙铁头。不用时,发热的电烙铁一定要放置在烙铁架上,防止烫到人或引起燃烧。使用吸水海绵时,水不能太多,以竖起不滴水为好,水太多会使烙铁头在高温中加速氧化,甚至缩短其使用寿命。

图 3-56　烙铁架

4. 镊子

镊子是 PCB 焊接中经常使用的工具,常用来夹取导线、元件及集成电路等,如图 3-57 所示。

常用焊接工具还有斜口钳、尖嘴钳和螺丝刀等电工工具,如图 3-58 所示。

二、焊接材料

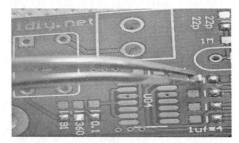

图 3-57 镊子及其使用方法

（a）斜口钳　　　　　　　（b）尖嘴钳　　　　　　　（c）螺丝刀

图 3-58 其他常用焊接工具

1. 松香

松香是电子焊接必备材料之一，是一种固体天然树脂，可从多种松树中获得，是比较复杂的混合物，别名松膏、松肪、松胶，如图 3-59 所示。其透明、质脆，在空气中易氧化，色泽变深，能溶于乙醇；具有防潮、防腐、绝缘、防氧化、除氧化膜等优良性能，在电子焊接领域常用作助焊剂，是清除电子元器件引脚氧化膜的一种专用材料。由于金属表面同空气接触后都会生成一层氧化膜，温度越高，氧化层越厚。这层氧化膜阻止液态焊锡对金属的浸润作用。助焊剂的作用是：

（1）除氧化膜，实质是助焊剂中的物质发生还原反应，从而除去氧化膜，反应生成物变成悬浮的渣，漂浮在焊料表面。

（2）防止氧化，松香熔化后漂浮在焊料表面，形成隔离层，防止了焊接面的氧化。

图 3-59 松香

（3）减小表面张力，松香增强了焊锡流动性，有助于焊锡湿润焊件。

2. 焊锡丝

焊锡丝是电子焊接的主要材料，如图 3-60 所示。焊锡丝是连接焊盘及元器件引脚的手工焊接材料，它将焊料和助焊剂完美结合在一起，形成焊料包裹助焊剂的丝状结构，其中，焊料为锡铅合金，是易熔金属；助焊剂的基本成分是松香，用来提高焊锡丝在焊接过程中的辅热传导，去除氧化，降低被焊接材质表面张力，去除被焊接材质表面油污，增大焊接面积。焊锡产生的烟尘可能对呼吸道产生机械性刺激，长期反复接触，可能会对肺造成损伤。

项目三 电气安装基本操作

 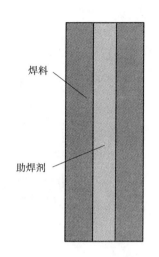

图 3-60 焊锡丝及其组成

根据不同的情况,焊锡丝有几种分类的方法。按金属合金材料,可分为锡铅合金焊锡丝、纯锡焊锡丝、锡铜合金焊锡丝、锡银铜合金焊锡丝、锡铋合金焊锡丝、锡镍合金焊锡丝;按焊锡丝的助焊剂的化学成分,可分为松香芯焊锡丝、免清洗焊锡丝、实芯焊锡丝、树脂型焊锡丝、单芯焊锡丝、三芯焊锡丝、水溶性焊锡丝、铝焊焊锡丝、不锈钢焊锡丝;按熔化温度来分,可分为低温焊锡丝、常温焊锡丝、高温焊锡丝。标准线径有 0.3 mm、0.5 mm、0.6 mm、0.8 mm、1.0 mm 和 1.2 mm 等规格。

三、手工焊接操作

1. 手工焊接工艺要求

进行手工电子焊接时,元器件的插装要到位,注意插装的方向。一般焊接的时间控制在 3 s 以下,若在 3 s 内未焊好,应等待冷却后再焊。焊接的元件在电路板上务必牢固,不允许摆动和抖动。焊接时不能烫伤、损坏元器件和印制电路板(PCB)。

2. 手工焊接基本方法

1) 元器件的引脚成形

对于直插式元件,焊接安装前需要先将元件的引脚弯制成形,以满足 PCB 的装配要求。如图 3-61 中,对于电阻器,不能直接在引脚根部弯曲,应留出 1~2 mm 距离,然后用尖嘴钳将引脚弯曲 90°,两引脚间距应与 PCB 封装一致,(1/4)W 电阻器成形后的引脚间距一般为 10.16 mm。

2) 元器件的安装

元器件安装的顺序是从低到高,安装方式有卧式和立式两种,如图 3-62 所示,卧式安装抗振性能好,立式安装节省 PCB 面积,具体采用哪种安装方式,应综合考虑或者与 PCB 上元器件的封装一致。

元器件安装应牢固,插装到位,PCB 平面内元器件应横平竖直,且元器件的上平面应平行于 PCB 板面,元器件不能歪斜,如图 3-63 所示,元器件平行于 PCB 板面,元器件的底面与板面间的

间隙 H 不超过 1.5 mm,安装较牢固,属于可接受情况。图 3-64 所示为不合格安装图例,其中图 3-64(a)中元器件没有平行于板面,有一端翘起;图 3-64(b)中元器件虽平行于板面,但元器件距板面的高度超过 1.5 mm。

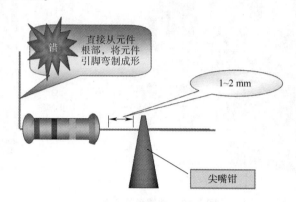

图 3-61　电阻器引脚成形示意图

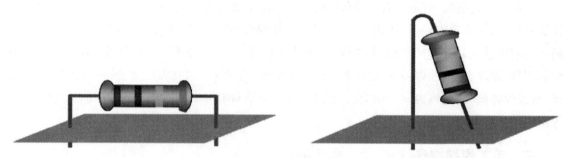

图 3-62　卧式安装和立式安装

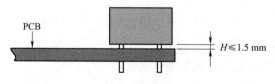

图 3-63　合格安装图例

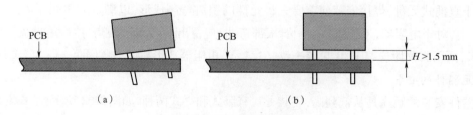

图 3-64　不合格安装图例

3)元器件的焊接

电烙铁的握持方法有 3 种,即握笔法、反握法和正握法。握笔法适于在操作台上进行印制电路板的焊接;反握法适于大功率电烙铁的操作;正握法适于中等功率电烙铁的操作,分别如图 3-65(a)、(b)、(c)所示。

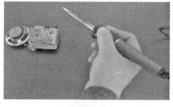
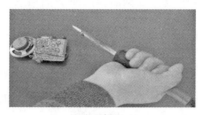

(a)握笔法　　　　　　　　　(b)反握法　　　　　　　　　(c)正握法

图 3-65　电烙铁的握持方法

采用五步法进行元器件焊接,即准备、加热焊体、送焊锡丝、撤离焊锡丝和撤离电烙铁,如图 3-66 所示,每个焊点焊接时间为 2～3 s。加热焊体时,烙铁头一般倾斜 45°,并施以适当的压力;送焊锡时,焊锡丝应接触在烙铁头的对侧处,不要直接接触烙铁头,防止熔化的焊锡不能将焊点覆盖均匀,而造成虚焊;当焊点上的焊锡接近饱满时,撤离电烙铁;当形成光亮的焊点时,应迅速撤离电烙铁。焊点图例如图 3-67 所示。图 3-67(a)为合格焊点,焊点成圆锥体形,大小适中,表面光洁;图 3-67(b)为不合格焊点,焊锡用量过多;图 3-67(c)为不合格焊点,焊锡用量过少;图 3-67(d)为不合格焊点,焊点表面有毛刺,为加热时间控制不当造成。

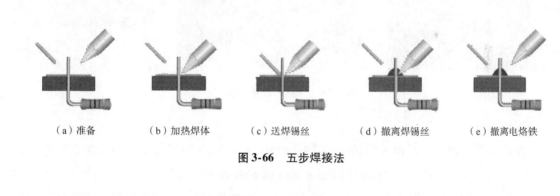

(a)准备　　　　(b)加热焊体　　　　(c)送焊锡丝　　　　(d)撤离焊锡丝　　　　(e)撤离电烙铁

图 3-66　五步焊接法

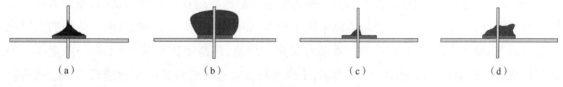

(a)　　　　　　　　　(b)　　　　　　　　　(c)　　　　　　　　　(d)

图 3-67　焊点图例

4)清洁烙铁头

烙铁头前端因助焊剂污染,易引起焦黑残渣,妨碍烙铁头的热传导。因此,使用电烙铁之前,应先清洁烙铁头。步骤如下:

(1)电烙铁插上电源,预热。

(2)将预热中的电烙铁在湿海绵上擦拭干净。

(3)将预热好的电烙铁插入松香中,使其表面敷上一薄层松香,然后再开始进行正常焊接。另外,需要注意的是,在焊接过程中也应根据需要随时清洁烙铁头。

四、手工焊接质量检测

1. 目测焊点

目测外观,应焊点表面光滑,无空洞,无瑕疵;焊点表层呈凹面状;焊接零件的引脚与焊盘良好接触;引脚形状可辨识;引脚周围100%被焊锡覆盖。

2. 拨动检查

当目测发现可疑现象时,可用镊子轻轻拨动焊接部位进行仔细检查。

3. 焊点检查

1)合格焊点

焊点表层是凹面,焊锡与待焊表面呈≤90°的连接角,焊点润湿不小于330°,如图3-68所示。

 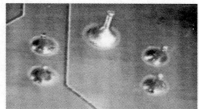 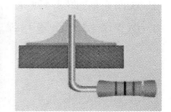

图3-68 焊点表面呈锥形

2)不合格焊点

焊锡量过多或过少。焊锡太多,焊点表层凸面状,如图3-69所示;焊锡太少,覆盖焊点不到330°,如图3-70所示;引脚折弯处的焊锡接触元件体或密封端,如图3-71所示;拉尖如图3-72所示,一般是因为电烙铁温度过低或过高,撤离电烙铁的速度过快或过慢造成的,重新放锡焊接进行修复即可;虚焊,即元件引脚与焊点未完全融合,如图3-73所示,一般是由于元件的引脚或焊盘被氧化,有污物造成的,涂助焊剂重新焊接进行修复;短路也称桥接,即不在一条走线上的两焊盘或焊点连接在一起,如图3-74所示,是因为焊锡量过多或焊接时拉丝造成的,减少锡量,重新焊接修复;冷焊、空洞与剥离,如图3-75所示。

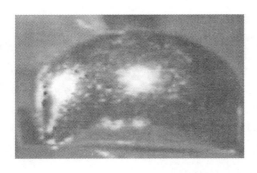 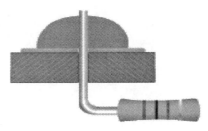

图 3-69 焊锡太多

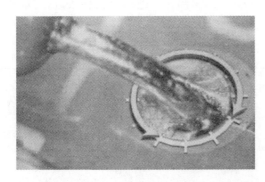 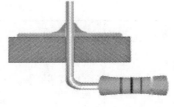

图 3-70 焊锡太少

图 3-71 焊锡接触元件体　　　　　图 3-72 拉尖

 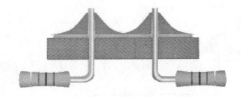

图 3-73 虚焊　　　　　图 3-74 桥接

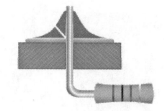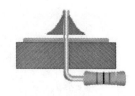

图 3-75 冷焊、空洞与剥离

4. 常见焊点的缺陷与分析

电子手工焊接不良易引起短路、断路、接触不良和机械强度降低等严重后果。常见焊接缺陷、危害以及原因分析见表 3-11，只有分清造成缺陷的原因，进行补救和改进，才能确保电子产品正常工作。

表 3-11 16 种常见的焊接缺陷

焊接缺陷	外观特点	危害	原因分析
虚焊	焊锡与元器件引线或与铜箔之间有明显黑色界线，焊锡向界线凹陷	不能正常工作	(1) 元器件引线未清洁好，未镀好锡或被氧化。 (2) 印制电路板未清洁好，喷涂的助焊剂质量不好
焊料堆积	焊点结构松散、白色、无光泽	机械强度不够，可能虚焊	(1) 焊料质量不好。 (2) 焊盘温度不够。 (3) 焊锡未凝固时，元器件引线松动
焊料过少	焊接面积小于焊盘的 75%，焊料未形成平滑的过渡面	机械强度不够	(1) 焊锡流动性差或焊锡丝撤离过早。 (2) 焊接时间太短。 (3) 助焊剂不足
焊料过多	焊料面呈凸形	浪费焊料，且可能包藏缺陷	焊锡丝撤离过晚
松香焊	焊缝中夹有松香渣	强度不足，导通不良，有可能时通时断	(1) 助焊剂过多或已失效。 (2) 焊接时间不足，加热不足。 (3) 引脚或焊盘表面氧化膜未去除
过热	焊点表面粗糙，发白，无金属光泽	焊盘易脱落，强度降低	电烙铁功率过大，加热时间过长
冷焊	焊点表面呈豆腐渣状颗粒，可能有裂痕	强度低，导电性不好	焊料未凝固前焊件有抖动

续表

焊接缺陷	外观特点	危 害	原因分析
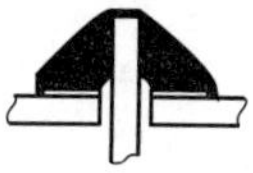 浸润不良	焊料与焊件交界面接触过大,不平滑	强度低,不通或时通时断	(1)焊料清理不干净。 (2)助焊剂不足或性能差。 (3)焊件未充分加热
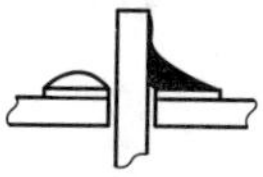 不对称	焊锡未流满焊盘	强度不足	(1)焊料流动性不好。 (2)助焊剂不足或质量差。 (3)加热不足
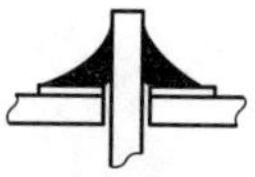 松动	导线或元器件引线可移动	导通不良或不导通	(1)焊锡未凝固前引线移动造成空隙。 (2)引线未处理好(浸润差或未浸润)
 拉尖	出现尖端	外观不佳,容易造成桥接现象	(1)助焊剂过少,而加热时间过长。 (2)电烙铁撤离角度不当
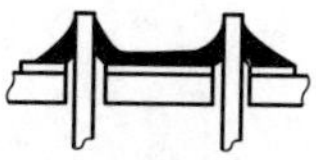 桥接	相邻导线连接	短路	(1)焊锡过多。 (2)焊锡丝撤离角度不当
 针孔	目测或低倍放大镜下可见焊点有孔	强度不够,焊点易腐蚀	元器件、焊料或环境污染不洁
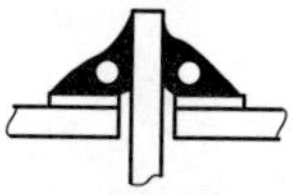 气泡	气泡状坑口,有凹面	暂时导通,但长时间工作易引起导通不良	气体或焊接液在其中,加热方法或时间不当未能使焊液充分流出
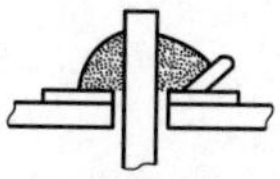 铜箔翘起	铜箔从印制电路板上剥离	印制电路板损坏	焊接时间过长
 剥离	焊点从铜箔上剥落	断路	焊盘上金属镀层不良

操作任务一　导线的识别

一、操作目的

通过本操作任务的学习,能够识别 25 mm² 及以下的导线,能够说出导线截面与直径的关系,能够根据负荷电流、敷设方式、敷设环境正确选用导线。

二、操作准备

(1) 25 mm² 及以下导线若干种。
(2) 操作人员熟悉导线的识别和选用。

三、操作步骤

步骤一:识别 25 mm² 及以下的导线。

识别导线截面积分别为 1 mm²、1.5 mm²、2.5 mm²、4 mm²、6 mm²、10 mm²、16 mm² 和 25 mm² 的 8 种导线。

步骤二:写出导线直径与截面积的关系。

导线直径 D 与截面积 S 的关系:

$$S = \pi r^2 = \pi (D/2)^2 = \pi D^2/4$$

从以上公式可以看出:导线的截面积为其半径的二次方乘以 π。

表 3-12　导线直径 D 与截面积 S 的关系

S/mm²	1	1.5	2.5	4	6	10	16	25
D/mm	1.13	1.37	1.76	2.24	2.73	1.33(7 根)	1.70(7 根)	2.12(7 根)

步骤三:根据负荷电流、敷设方式、敷设环境正确选用导线。

(1) 说出导线选用口诀:

10 下五,100 上二;25、35,四、三界;70、95,两倍半;穿管、温度,八、九折;裸线加一半;铜线升级算。

(2) 给一定容量,选择导线的截面积:

①负荷电流 33 A,要求铜线暗敷设,环境温度按 35 ℃。

　根据口诀计算,可选用 6 mm² 的橡皮铜线(如 BX-6)。

②负荷电流 66 A,要求铝线暗敷设,环境温度按 35 ℃。

　根据口诀计算,可选用 16 mm² 的塑铝线(如 BLV-16)。

选用导线时,需要注意几种固定要求的导线截面:

①穿管用的绝缘导线,铜线最小截面积为 1 mm²,铝线最小截面积为 2.5 mm²。

②各种电气设备的二次回路(电流互感器二次回路除外),虽然电流很小,但是为了保证二次回路的机械强度,常采用截面积不小于 1.5 mm² 的绝缘铜线。

③电流互感器二次回路用的导线,常使用截面积为 2.5 mm² 的绝缘铜线。

四、操作考核

表 3-13 中第 1 项为否定项,未能正确识别导线则实操不合格。

表 3-13　操作考核

序号	考核要点	操作要点	得分
1	识别导线	识别 25 mm² 及以下的 8 种导线	
2	导线直径与截面积的关系	导线的截面积为其半径的二次方乘以 π	
3	导线选用口诀	10 下五,100 上二;25、35、四、三界;70、95,两倍半;穿管、温度,八、九折;裸线加一半;铜线升级算	
4	根据负荷电流、敷设方式、敷设环境正确选用导线	与考核给出的电线相符	
	合　计		

操作任务二　导线的连接

一、操作目的

通过本操作任务的学习,能够对导线进行连接和绝缘恢复。

二、操作准备

(1)不同类型导线若干。

(2)电工刀、钢丝钳、剥线钳、绝缘胶带。

(3)操作人员熟悉不同导线的连接及绝缘恢复的方法。

三、操作步骤

步骤一:说出导线连接的要求。

(1)连接后的抗拉强度不小于原导线的 80%。

(2)绝缘强度不小于原导线。

(3)接头电阻不大于原导线同段长度的 1.2 倍。

步骤二:剥削不同类型的导线。

(1)电工刀剥削法。

(2)钢丝钳剥削法。

(3)剥线钳剥削法。

步骤三：单股导线的连接和绝缘恢复。

(1)导线的连接：

①直接连接。

②T形连接。

(2)导线的绝缘恢复：

①一字形导线接头的绝缘恢复。

②T形导线接头的绝缘恢复。

步骤四：多股导线的连接和绝缘恢复。

(1)导线的连接：

①直接连接。

②T形连接。

(2)导线的绝缘恢复：

①一字形导线接头的绝缘恢复。

②T形导线接头的绝缘恢复。

步骤五：说出铜、铝线连接的要求。

为防止电化腐蚀，必须采用过渡连接，要求如下：

(1)单股线，铜线应搪锡，然后再与铝线连接。

(2)多股线，采用铜铝过渡接头。

(3)铝线往闸口上接，采用铜铝过渡接线鼻子。

四、操作考核

表3-14中第1项为否定项，未能正确说出导线连接的要求则实操不合格。

表3-14 操作考核

序 号	考核要点	操作要点	得 分
1	说出导线连接的要求	连接后的抗拉强度不小于原导线的80%；绝缘强度不小于原导线；接头电阻不大于原导线同段长度的1.2倍	
2	导线的剥削	运用电工刀、钢丝钳、剥线钳对不同类型导线进行剥削，剥削方法正确且金属线芯无损伤	
3	单股导线的连接和绝缘恢复	导线的连接：缠绕方法正确；导线缠绕整齐；导线绕紧且无间隙；线芯缠绕方法正确；根部留出大小合适；钳平切口毛刺	
		导线的绝缘恢复：包缠起点合适；绝缘胶带缠绕整齐；绝缘胶带绕紧无稀疏；无裸露芯线；后一圈叠压在前一圈1/2的宽度上	

续表

序 号	考核要点	操作要点	得 分
4	多股导线的连接和绝缘恢复	导线的连接:缠绕方法正确;导线缠绕整齐;导线绕紧且无间隙;线芯根部留出大小合适;钳平切口毛刺	
		导线的绝缘恢复:包缠起点合适;绝缘胶带缠绕整齐;绝缘胶带绕紧无稀疏;无裸露芯线;后一圈叠压在前一圈1/2的宽度上	
5	说出铜、铝线连接的要求	正确采用过渡连接	
合　计			

项目四 照明电路的安装与检修

照明电路是我们生活中接触最为频繁的电路,良好的照明是保证我们正常生活、安全生产、提高劳动生产率的必要条件。为此,必须保持照明设备的安全运行。本项目主要介绍开关、插座、电能表和荧光灯电路的安装与检修。

学习目标

1. 知识目标

(1)熟悉照明开关、插座、电能表和荧光灯电路各组成部件。

(2)熟悉照明电路的安装工艺要求、正确安装方法及注意事项。

2. 能力目标

(1)会根据照明电路原理图,按照安装工艺要求,对照明电路进行安装。

(2)会根据照明电路原理图,使用电工仪表,对照明电路进行检测,并根据故障现象及检测结果分析故障产生原因,并能及时排除电路故障。

3. 素质目标

(1)培养理论联系实际的学习习惯与实事求是的精神。

(2)培养自主性学习方法。

学习任务一 开关和插座的安装

一、开关的安装

开关通常又称接触件,它是由可移动的导体(称为开关的刀)、固定的导体(称为开关的位或称闸),通过机械的结构使它们能接通和关断。开关应用在各种电子设备和家用电器中。开关的分类方式很多,种类也很多,常用一些开关外形如图4-1所示。

1. 漏电开关的安装

漏电开关(又称漏电保护器)在其他章节做了详细介绍,这里主要介绍它的安装接线。

项目四　照明电路的安装与检修

（a）漏电开关　　　　　　　（b）面板开关　　　　　　　（c）闸刀开关

图 4-1　常用一些开关外形

单相漏电保护器和单相闸刀开关的接线口诀是：上进下出（即上面接电源线，下面接负载）、左火右零[即左边接相线（俗称"火线"），右边接中性线（俗称"零线"）]。图 4-2 所示为单相漏电保护器的安装接线图。

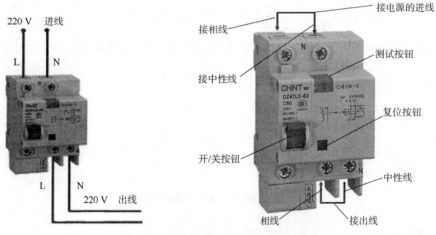

图 4-2　单相漏电保护器的安装接线图

三相四线漏电保护器的安装接线图如图 4-3 所示，黄、绿、蓝分别是 U、V、W 相线，蓝色是中性线。

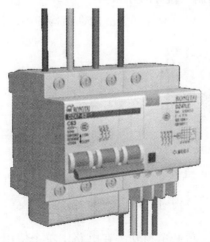

图 4-3　三相四线漏电保护器的安装接线图

113

2. 面板开关的安装

面板开关主要有单联开关、双联开关、三联开关和四联开关,"联"指的是统一开关面板上有几个开关按钮。下面主要介绍几种常用开关的结构与安装接线。

1)单开单控开关

(1)内部结构与图形符号。单开单控就是开关面板上只有 1 个按钮,并且该按钮背后只有 2 个接线柱,工作模式就是控制一盏灯的开和关,如图 4-4 所示。

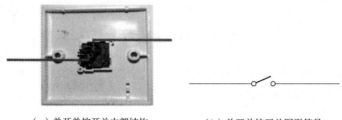

(a)单开单控开关内部结构　　　　(b)单开单控开关图形符号

图 4-4　单开单控开关

(2)接法。单开单控开关的接法口诀是:上接电源端、下接负载端,如图 4-5 所示。

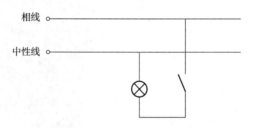

图 4-5　单开单控开关的接线图

2)单开双控开关

单开双控开关也是开关面板上只有 1 个按钮,但是它的背后有 3 个接线柱,用 2 个这种面板开关可以组成两个地方随意控制一盏灯的开和关。

(1)内部结构与图形符号。单开双控开关的内部结构和图形符号如图 4-6 所示。

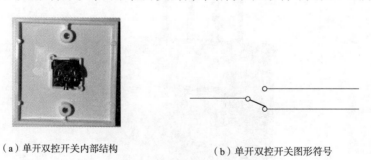

(a)单开双控开关内部结构　　　　(b)单开双控开关图形符号

图 4-6　单开双控开关

(2)单开双控开关的接线。单开单控开关在电路中单个使用可控制电路的通断,单开双控开关在电路中需两个配套使用才能控制电路的通断。如图 4-7 所示,利用两个单开双控开关,可在两处控制一盏灯。

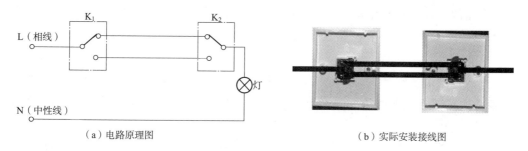

（a）电路原理图　　　　　　　　　　（b）实际安装接线图

图 4-7　双控电路

3. 开关的检测

(1)外观查看是否完好。

(2)用万用表(R×1 k 挡)测量触点间的接触电阻,应在 0.1～0.5 Ω 以下。

(3)用兆欧表测量各触点间的绝缘电阻。用兆欧表测量不同极的任意两个接点的绝缘电阻,应为无穷大;测量每个极与外壳的绝缘电阻也应为无穷大。

(4)用万用表(R×1 k 挡)测量开关的闭合电阻,应在 0.1～0.5 Ω 以下,断开电阻应为无穷大。

4. 开关安装接线的注意事项

(1)开关安装应符合以下要求:

①灯的开关位置应便于操作,安装的位置必须符合设计要求和规范的规定。

②安装在同一室内的开关,宜采用同一系列的产品,开关的通断位置应一致,且操作灵活、接触可靠。

③开关安装的位置要求:开关边缘距门柜距离宜为 150～200 mm,距地面高度宜为 1 400 mm。

④开关安装允许偏差值的规定:并列安装的相同型号开关距地面高度应一致,拉线开关的相邻间距不宜小于 20 mm。

⑤相线应经开关控制,即开关一定要串联在电源相线上。安装接线时应仔细辨认,识别导线的相线与中性线,应使开关断开后灯具上不带电。

(2)开关接线应符合以下要求:

①接线时先将盒内甩出的导线留出维修长度(15～20 cm)削去绝缘层,注意不要碰伤线芯。

②如开关内为接线柱,将导线按顺时针方向盘绕在开关、插座对应的接线柱上,然后旋紧压头。

③如开关内为插接端子,将线芯折回头插入圆孔接线端子内(孔径允许压双线时),再用顶丝将其压紧,注意线芯不得外露。

④接线时应特别注意:为了保证安全和使用功能,在配电回路中的各种导线连接,均不得在开关、插座的端子处以套接压线方式连接其他支路。

⑤面板开关通常为两个静触点,分别由两个接线桩连接;连接时除应把相线接到开关上外,还应接成扳把向上为开灯,扳把向下为关灯。接线时不可接反,否则维修灯具时,易造成意外的触电或短路事故。接线后将开关芯固定在开关盒上,将扳把上的白点(红点)标记朝下面安装;开关的扳把必须安正,不得卡在盖板上;盖板与开关芯用螺钉固定牢固,盖板应紧贴建筑物表面。

⑥双联及以上的多联开关,每一联即为一只单独的开关,能分别控制一盏电灯。接线时,应将相线连接好,分别接到开关上一动触点连通的接线桩上,而将开关线接到开关静触点的接线桩上。

⑦暗装的开关应采用专用盒。专用盒的四周不应有空隙,盖板应端正,并应紧贴墙面。

二、插座的安装

插座又称电源插座、开关插座,有单相二孔、单相三孔、三相四孔及三相五孔之分,如图 4-8 所示。插座容量民用建筑有 10 A 和 16 A,选用插座要注意其额定电流值应与通过的电器和线路的电流值相匹配,如果过载,极易引发事故。

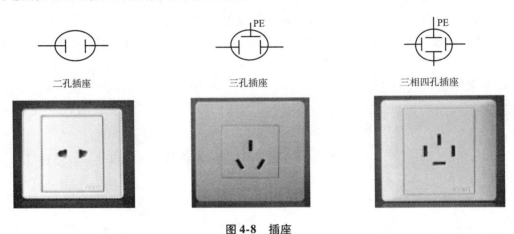

图 4-8 插座

1. 插座的接法

单相二孔插座接线口诀:面对插座"左零、右火"。单相三孔插座接线口诀:面对插座"左零、右火、上接地"。常用的几种暗装插座的安装接线如图 4-9 所示。

最常用的单相三孔插座的正确接线方法如图 4-10 所示,其中图 4-10(a)、(b)适用于三相五线制保护接零系统,这两种接法的安全性较高。图 4-10(c)适用于三相四线制保护接零系统中。

2. 插座的安装规定

插座的安装高度应符合设计的规定。当设计无规定时,应符合下列要求:

(1)不同电压的插座应有明显的区别,不能互用。

(2)明装插座距地面不应低于 1.8 m,暗装插座距地面不应低于 0.3 m,儿童活动场所的插座应用安全插座,或高度不低于 1.8 m。

(3)当插座上方有暖气管时,其间距应大于 0.2 m;下方有暖气管时,其间距应大于 0.3 m,

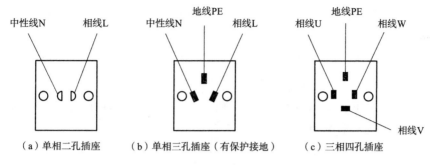

（a）单相二孔插座　　（b）单相三孔插座（有保护接地）　　（c）三相四孔插座

图 4-9　常用的几种暗装插座的安装接线

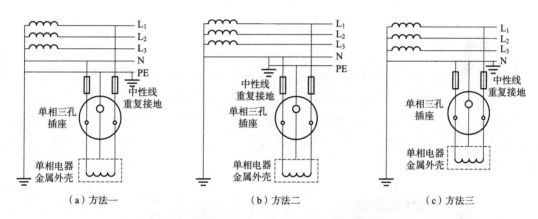

（a）方法一　　　　　（b）方法二　　　　　（c）方法三

图 4-10　最常用的单相三孔插座的正确接线方法

不符时应移位或采取技术处理。为了避免交流电源对电视信号的干扰，电视馈线线管、插座与交流电源线管、插座之间应有 0.5 m 以上的距离。

（4）落地插座应具有牢固可靠的保护盖板。

（5）凡为携带式或移动式电器用的插座，单相应用三孔插座，三相应用四孔插座，其接地孔应与保护线可靠接牢。

（6）插座不宜和照明灯接在同一分支回路。

（7）在潮湿场所，应采用密封良好的防水防溅插座。

（8）在有易燃、易爆气体及粉尘的场所应装设专用插座。

3. 插座的接线要求

（1）单相二孔插座，面对插座的右孔或上孔与相线连接，左孔或下孔与中性线（零线）连接；单相三孔插座，面对插座的右孔与相线连接，左孔与中性线（零线）连接。

（2）单相三孔、三相四孔及三相五孔插座的接 PE 线或接 PEN 线接在上孔。插座的接地端子（PE）不与中性线（零线）端子（N）连接。同一场所的三相插座，接线的相序一致。

（3）PE 或 PEN 线在插座间不串联连接。

（4）接线时，先将盒内甩出的导线留出维修长度（15～20 cm）削去绝缘层，注意不要碰伤线芯。

（5）如插座内为接线柱，将导线按顺时针方向盘绕在开关、插座对应的接线柱上，然后旋紧压头。

（6）如插座内为插接端子，将线芯折回头插入圆孔接线端子内(孔径允许压双线时)，再用顶丝将其压紧，注意线芯不得外露。

（7）接线时应特别注意：为了保证安全可靠，在配电回路中的各种导线连接，均不得在插座的端子处以套接压线方式连接其他支路。

学习任务二　电能表的安装

一、电能表

电能表的用途是测量一定时间内负载所消耗电能的多少。由于实际生产中常采用"度"或"千瓦·时"作为电能的单位，所以测量电能的仪表称为电能表或电度表。

电能表与功率表的不同之处：电能表不仅能反映负载功率的大小，还能计算负载用电的时间，并通过计度器把一定时间内消耗的电能自动地累计起来。电能表类型有感应系电能表和电子式电能表，外形如图4-11所示。

（a）感应系电能表

（b）电子式电能表

图4-11　电能表的外形

电能表按用途可分为有功电能表、无功电能表、最大需量电能表、标准电能表、复费率分时电能表、预付费电能表(分投币式、磁卡式、电卡式)、损耗电能表、多功能电能表和智能电能表；按工作原理分为感应式(机械式)、静止式(电子式)、机电一体式(混合式)；按接入电源性质分为交流表、直流表；按结构分为整体式、分体式；按安装接线方式分为直接接入式、间接接入式；按接入相线分为单相、三相三线和三相四线电能表。

1. 单相电能表

1) 单相感应系电能表结构

单相感应系电能表的外形和结构如图 4-12(a) 所示,感应系电能表的主要组成部分有:

(1) 驱动元件。驱动元件用来产生转动力矩,它由电压元件和电流元件两部分组成,如图 4-12(b) 所示。电压元件是在 E 字形铁芯上绕有匝数多、导线截面积较小的线圈,该线圈在使用时与负载并联,称为电压线圈。电流元件是在 U 形铁芯上绕有匝数少且导线截面积大的线圈,该线圈在使用时与负载串联,称为电流线圈。

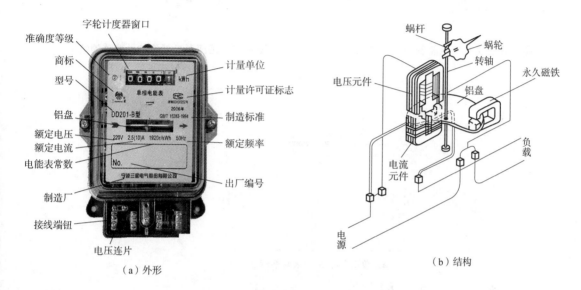

图 4-12 单相感应系电能表的外形和结构

电流元件的铁芯和电压元件的铁芯之间留有间隙,以便使铝盘能在此间隙中自由转动。电压元件铁芯上装有用钢板冲制成的回磁板。回磁板的下端伸入铝盘下部,隔着铝盘与电压元件的铁芯柱相对应,构成电压线圈工作磁通的回路,如图 4-13 所示。

(2) 制动元件。制动元件由永久磁铁组成。用来在铝盘转动时产生制动力矩,使铝盘的转速与被测功率成正比。

(3) 转动元件。转动元件由铝盘和转轴组成。转轴上装有传递铝盘转数的蜗杆。仪表工作时,驱动元件产生的转动力矩将驱使铝盘转动。

(4) 计度器(又称积算机构)。计度器用来计算铝盘的转数,实现累计电能的目的。它包括安装在转轴上的齿轮、滚轮以及计数器等。电能表最终通过计数器直接显示出被测电能的数值,如图 4-14 所示。

2) 单相感应系电能表的工作原理

单相感应系电能表的原理接线图与功率表相似,不同之处是电能表的电压线圈没有串联分压电阻,如图 4-15(a) 所示。

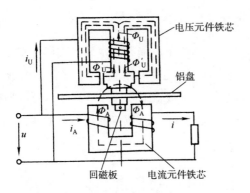

图 4-13 感应系电能表的电路和磁路

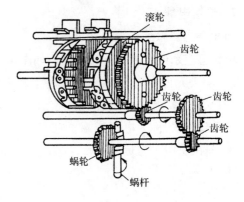

图 4-14 感应系电能表的计度器的结构

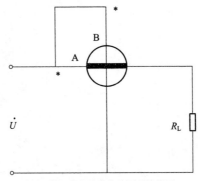

(a) 单相感应系电能表原理接线图

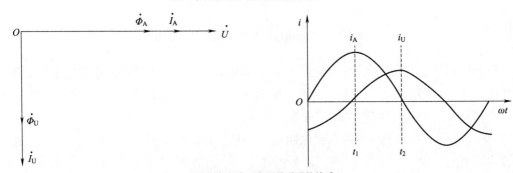

(b) 电流表各电流、电压及磁通的关系

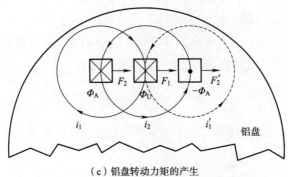

(c) 铝盘转动力矩的产生

图 4-15 单相感应系电能表的工作原理

如图4-15(b)所示,在t_1时刻,由于i_A和i_U的变化,在铝盘中感应出涡流而各涡流在磁通作用下都产生顺时针方向的转动力矩,使得铝盘顺时针转动起来,铝盘所受转动力矩的方向总是由相位超前磁通Φ_A指向相位滞后磁通Φ_U,如图4-15(c)所示。

可以证明,铝盘所受平均转动力矩与负载的有功功率成正比,即

$$M_P = C_1 P = C_1 U_1 \cos \varphi$$

3)铝盘转数与被测电能的关系

当负载功率一定时,铝盘所受转动力矩不变。但是,铝盘若只受到转动力矩的作用,铝盘将会不断地加速运动,以至无法正确计量电能。

为了使铝盘在一定负载功率下以相应的转速匀速转动,能正确反映电能的大小,必须在铝盘上加制动力矩,铝盘所受制动力矩M_z随铝盘转速n的增加而增大,即$M_z = Kn$(其中K为常数)。

当制动力矩M_z增大到与转动力矩M_p相等时,即$M_p = M_z$,铝盘就匀速转动,所以可得

$$C_1 P = Kn\ (其中\ C_1\ 为常数)$$

即铝盘转速为

$$n = \frac{C_1}{K} P = CP$$

将两边同乘以t,可得$nt = CPt$,式中C为常数,nt是电能表在时间t内铝盘的转数,用N表示;Pt是负载在时间t内所消耗的电能,用E表示,则$N = CE$。

在时间t内,电能表的铝盘转数与这段时间内负载消耗的电能成正比。因此,可以通过计度器自动累计铝盘的转数,由计数器显示出被测电能的大小。

2. 三相电能表

三相有功电能表用来测量三相交流电路中电源输出(或负载消耗)的电能。由于测量电路接线方式不同,三相有功电能表又分三相三线制和三相四线制两种。

1)三相三线有功电能表

三相三线有功电能表适用于对三相三线对称或不对称负载作有功电能的计量,可将这种电能表看作两只单相电能表的组合,如图4-16所示。将它接入电路后,作用在转轴上的总转矩等于两组元件产生的转矩之和,并与三相电路的有功功率成正比,因此,铝盘的转数可以反映有功电能的大小,通过计度器直接显示出三相电能的数值。

2)三相四线有功电能表

三相四线有功电能表适用于对三相四线对称或不对称负载作有功电能的计量。三相四线有功电能表可以看作三只单相电能表的组合,工作时由三组电流、电压元件产生一移动磁场,作用在铝盘上的总转矩为三组元件产生的转矩之和,使铝盘在磁场中获得的转速正比于负载的有功功率,从而达到计量电能的目的。

3. 电子式电能表

1)单相电子式电能表

(1)单相电子式电能表的组成及工作原理,如图4-17所示。

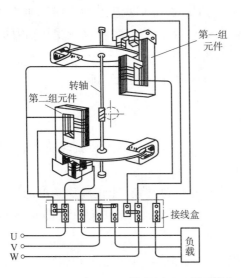

图 4-16 三相三线有功电能表

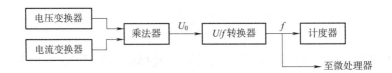

图 4-17 单相电子式电能表的组成及工作原理

（2）单相电子式电能表各组成部分的作用：

①输入变换电路。输入变换电路包括电压变换器和电流变换器两部分，将高电压或大电流变换后送至乘法器，转换后的信号应分别与输入的高电压或大电流成正比。常见的输入变换电路有精密电阻分流分压和仪用互感器两种。

②乘法器。乘法器是电子式电能表的核心，是一种能将两个互不相关的模拟信号进行相乘的电子电路，通常具有两个输入端和一个输出端，是一个三端网络。乘法器的输出信号与两个输入信号的积成正比。

③U/f 转换器。U/f 转换器的作用是将输入电压（电流）转换成与之成正比的频率输出，在模/数（A/D）转换中，U/f 转换器是常用的一种电子电路。

④计度器。包括计数器和显示部分，计数器可将由 U/f 转换器输出的脉冲加以计数，然后送至显示电路显示。

全电子式电能表的显示部分通常采用液晶显示器进行计度。由于取消了感应式电能表的仪表转盘，故又称静止式电能表。目前电子式电能表也有不少采用步进电机式的机械计度器。

图 4-18 DDS673 电子式单相电能表

2)单相电子式预付费电能表

(1)单相电子式预付费(IC 卡)电能表的工作原理。单相电子式预付费(IC 卡)电能表的用途是计量额定频率为 50 Hz 的交流单相有功电能,并实现电量预购功能。它由分压器完成电压取样,由取样电阻完成电流取样。取样后的电压电流信号由乘法器转换为功率信号。经 U/f 变换后,由步进电机驱动计度器工作,并将脉冲信号输入单片机系统。

用户需在供电部门交款购电,所购电量在售电机上被写进用户电卡,由电卡传递给电能表,电卡经多次加密,可以保证用户可靠地使用。当所购电量用完后,表内继电器将自动切断供电回路。

(2)单相电子式预付费电能表的安装方法:

①电能表在出厂前经检验合格并加铅封,即安装完成。

②安装表的地板应固定在坚固的耐火墙上,建议安装高度为 1.8 m 左右,要求环境温度为 -25 ~ +70 ℃,相对湿度不超过 85%,且周围空气中无腐蚀性气体。

③电能表应按照接线图接线,最好用铜线接入。

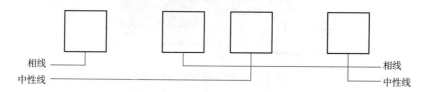

图 4-19 电子式电能表安装方法

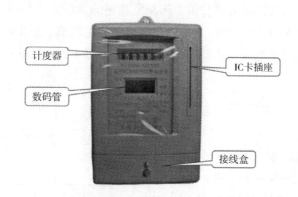

图 4-20 单相电子式预付费电能表的外形

(3)单相电子式预付费电能表使用方法:

①用户到指定地点购电,将购电后的电卡插入电能表,保持 5 s 后方可拔出电卡,即可用电。

②用户拔下电卡约 30 s 后,电能表进入隐显状态。

③当电能表电量小于 10 kW·h 时,电能表由隐显变为常显状态,提醒用户电量已剩余不多。

④当用户电量剩至 5 kW·h 时,电能表断电报警,再次提醒用户及时购电,此时用户将电卡重新插入电能表内一次,可继续使用 5 kW·h 电量。

二、安装电能表

1. 电能表的接线

1)单相电能表的接线

单相电能表的接线应遵从发电机端守则,即电能表的电流线圈与负载串联,电压线圈与负载并联,两线圈的发电机端应接电源的同一极性端。从左到右按①、②、③、④编号把①、③端作为"进线",②、④端作为"出线",如图4-21所示。

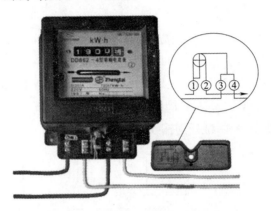

图4-21 单相电能表的接线方法

2)三相三线有功电能表的接线

三相三线有功电能表的接线方法与量表法测量功率的接线方法相同。按规定,对低压供电线路,其负荷电流为80 A以及以下时,宜采用直接接入式电能表,如图4-22(a)所示;若负荷电流为80 A以上时,宜采用经电流互感器接入式电能表,如图4-22(b)所示。

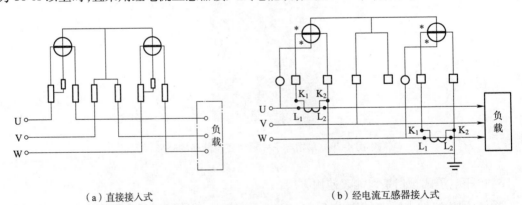

(a)直接接入式　　　　　　　　(b)经电流互感器接入式

图4-22 三相三线有功电能表的接线原理图

3)三相四线有功电能表的接线

目前常见的DT862型三相四线有功电能表的外形与三相三线有功电能表的外形完全一样。按规定,对低压供电线路,其负荷电流为80 A以及以下时,宜采用直接接入式电能表,如图4-23(a)所示;若负荷电流为80 A以上时,也应配以电流互感器使用,如图4-23(b)所示。

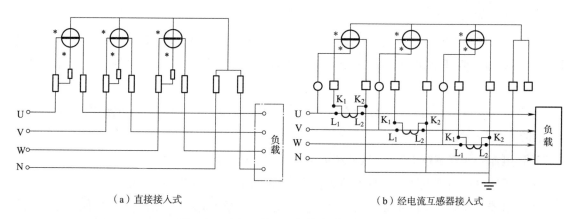

(a) 直接接入式   (b) 经电流互感器接入式

图 4-23 三相四线有功电能表的接线原理图

2. 电能表的安装

1) 正确选择量程

选择电能表量程时,应使电能表额定电压与负载额定电压相符,电能表额定电流应大于或等于负载的最大电流。

2) 正确接线

电能表的接线和功率表一样,必须遵守发电机端守则。通常情况下,电能表的发电机端已在内部接好,接线图印在端钮盒盖的里面。使用时,只要按照接线图进行接线,一般不会发生铝盘反转的情况。

(1) 接线正确铝盘仍反转的原因:

①装在双侧电源联络盘上的电能表,当一段母线向另一段母线输出电能改变为另一段母线向这段母线输出电能时。

②用两只单相电能表测量三相三线有功负载,当 $\cos\varphi<0.5$ 时,其中一只电能表也会出现反转现象。

(2) 电能表在通过仪用互感器接入电路时,必须注意互感器接线端的极性,以便使电能表的接线仍能满足发电机端守则。

3) 电能表的读数

(1) 对直接接入电路的电能表,以及与所标明的互感器配套使用的电能表,都可以直接从电能表上读取被测电能。

(2) 当电能表上标有"$10\times kW\cdot h$"或"$100\times kW\cdot h$"字样时,应将表的读数乘以 10 或 100 倍,才是被测电能的实际值。

(3) 当配套使用的互感器变比和电能表标明的不同时,则必须将电能表的读数进行换算后,才能求得被测电能实际值。例如,电能表上标明互感器的变比是 10 000/100 V,100/5 A,而实际使用的互感器变比是 10 000/100 V,50/5 A,此时应将电能表的读数除以 2,才是被测电能的实际值。

4)电能表的安装要求

(1)通常要求电能表与配电装置装在一处。安装电能表的木板正面及四周边缘应涂漆防潮。木板应为实板,且厚度不应小于20 mm。木板必须坚实干燥,不应有裂缝,拼接处要紧密平整。

(2)电能表应安装在配电装置的左方或下方。安装高度应在0.6~1.8 m范围内(表水平中心线距地面尺寸)。

(3)电能表要安装在干燥、无振动和无腐蚀气体的场所。

(4)不同电价的用电线路应分别装表,同一电价的用电线路应合并装表。

(5)电能表安装要牢固垂直。每只表除挂表螺钉外,至少应有一只定位螺钉,使表中心线向各方向倾斜度不大于1°,否则会影响电能表的准确度。

学习任务三　荧光灯电路的安装与检修

一、电感式荧光灯电路

1. 荧光灯电路的组成

荧光灯(俗称日光灯)主要由灯管、镇流器、辉光启动器(俗称启辉器)和灯座组成,如图4-24所示。

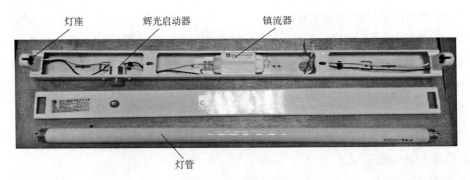

图4-24　荧光灯实物图

1)荧光灯灯管

如图4-25所示,灯管两端装有灯丝电极,灯丝上涂有受热后易发射电子的氧化物,管内充有稀薄的惰性气体和水银蒸汽,荧光灯管的内壁涂有一层荧光物质,两个灯丝之间的气体导电时发出紫外线,使涂在管壁上的荧光粉发出可见光。

荧光灯管由于自身的构造,点燃时需700~800 V高压,点燃后只需100 V左右的电压即可。

2)镇流器

镇流器是一个带铁芯的线圈,自感系数很大,外形如图4-26所示。

项目四 照明电路的安装与检修

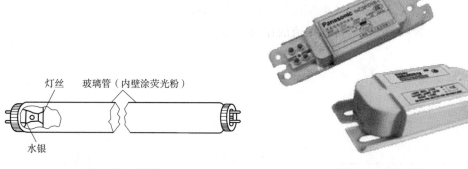

图 4-25 灯管　　　　　　　　图 4-26 镇流器

3）辉光启动器

如图 4-27 所示，辉光启动器在外壳 3 内装着一个充有氩氖混合惰性气体的玻璃泡 4（又称辉光管），泡内有一个固定电极（静触极）2 和一个动触极 5 组成的自动开关。动触极 5 用双金属片制成倒 U 形，受热后动触极膨胀，与静触极接通；冷却后自动收缩复位，与静触极脱离。

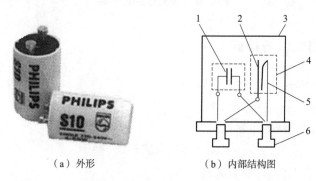

（a）外形　　　　　　　（b）内部结构图

图 4-27 辉光启动器

两个触极间并联一只 0.005 μF 的电容器 1，其作用是消除火花对电信设备的影响，并与镇流器组成振荡电路，延迟灯丝预热时间，有利于荧光灯起辉。结构图中，6 是与电路相连接的插头。

辉光启动器俗称跳泡，在荧光灯点燃时，起自动开关作用。

2. 荧光灯管的发光原理

如图 4-28（a）所示，闭合电源开关，电压加在辉光启动器两极间，辉光启动器辉光放电（氖气放电发光），发热使辉光启动器的动触片与静触片接触，导致电路接通，如图 4-28（b）所示。灯丝和镇流器中有电流通过。

灯管启辉后，镇流器由于其高电抗，两端电压增大。辉光启动器两端电压大为减少，氖气不再辉光放电。动触片冷却收缩，两个触片分离，电路自动断开。

辉光启动器中的氖气停止放电，动触片冷却收缩，两个触片分离，电路自动断开，如图 4-28（c）所示。

在电路突然断开的瞬间，由于镇流器电流急剧减小，从而产生很高的自感电压，方向与电源电压方向相同,两个电压叠加起来,形成一个瞬时高压,灯管中的气体被击穿,从而导通发光。

荧光灯开始发光后,由于交变电流通过镇流器线圈,线圈中会产生自感电动势,它总是阻碍电流的变化,这时的镇流器起着降压限流的作用,保证荧光灯稳定发光。

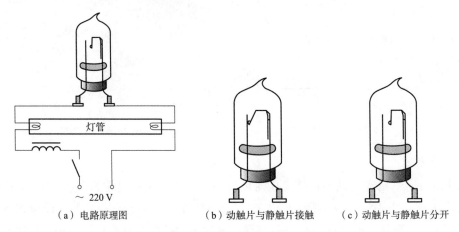

（a）电路原理图　　　（b）动触片与静触片接触　　　（c）动触片与静触片分开

图 4-28　荧光灯发光原理

二、荧光灯电路安装与检修

1. 荧光灯电路的安装

1）任务要求

（1）整理笔记、熟记线路工作原理。

（2）检查元件质量、数量,按图(见图4-29)安装接线。

（3）安装完毕,检查无误后,通电试验。

（4）测量灯管、镇流器两端的工作电压,做好记录。

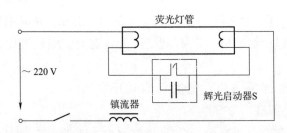

图 4-29　荧光灯安装线路图

2）安装要求

（1）镇流器与开关串联在相接线上。注意:相线先接开关,再接镇流器,如图4-30所示。

（2）辉光启动器与灯管两端灯脚并联。

（3）电源的中性线与灯管的一端引线直接连接。

（4）接头处连接要牢固,绝缘胶布包扎要规范,电线走向要有条理。

（5）灯管、镇流器、辉光启动器三者功率要一致。

荧光灯电路元件明细表见表4-1。

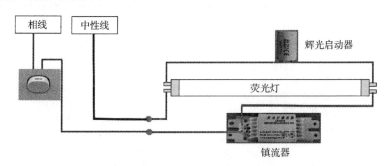

图4-30 荧光灯安装实物对照图

表4-1 荧光灯电路元件明细表

序 号	符 号	名 称	型 号	规 格	数 量
1	YZ	荧光灯管	T5	20 W	1
2	S	辉光启动器	PYJ	4~40 W	1
3	L	镇流器	XG-20	20 W	1
4	K	开关		220 V/5 A	1
5		荧光灯座	AND	250 V/3 A	2
6		灯架	MD1-Y	20 W	1
7		辉光启动器座			1

3)安装步骤

(1)根据元件明细表检查各个配件。

(2)把灯座、镇流器、辉光启动器座固定在灯架上。

(3)按照图样正确接线。

(4)固定灯架,用吊盒、吊链来固定。

(5)安装灯管,通电试验。

4)注意事项

(1)辉光启动器、镇流器、灯管三者须配套。

(2)因为所用灯架是金属材料的,应注意绝缘,以免短路或漏电,发生危险。

(3)灯管在使用过程中不可用湿布擦拭,以防触电。

(4)荧光灯不能频繁启动,启动一次相当于点燃2 h。

(5)灯管损坏后不要随意丢弃。

(6)注意安全文明生产。

2. 荧光灯照明电路常见故障及分析

荧光灯照明电路常见故障及分析见表4-2。

表 4-2　荧光灯照明电路常见故障及分析

故障现象	产生原因	检修方法
荧光灯管不能发光	(1)灯座或辉光启动器底座接触不良。 (2)灯管漏气或灯丝断。 (3)镇流器线圈断路。 (4)电源电压过低。 (5)新装荧光灯接线错误	(1)转动灯管,使灯管四极和灯座四夹座接触,使辉光启动器两极与底座二铜片接触,找出原因并修复。 (2)用万用表检查或观察荧光粉是否变色,若确认灯管坏,可换新灯管。 (3)修理或调换镇流器。 (4)不必修理。 (5)检查线路并正确接线
荧光灯灯光抖动或两头发光	(1)接线错误或灯座灯脚松动。 (2)辉光启动器氖泡内动、静触片不能分开或电容器击穿。 (3)镇流器配用规格不合适或接头松动。 (4)灯管陈旧,灯丝上电子发射物质将放尽,放电作用降低。 (5)电源电压过低或线路电压降过大。 (6)气温过低	(1)检查线路或修理灯座。 (2)将辉光启动器取下,用两把螺丝刀的金属头分别触及辉光启动器底座两块铜片,然后相碰,并立即分开,如灯管能跳亮,则判断辉光启动器已坏,应更换辉光启动器。 (3)调换适当镇流器或加固接头。 (4)调换灯管。 (5)如有条件,应升高电压或加粗导线。 (6)用热毛巾对灯管加热
灯管两端发黑或生黑斑	(1)灯管陈旧,寿命将终的现象。 (2)如为新灯管,可能因辉光启动器损坏使灯丝发射物质加速挥发。 (3)灯管内水银凝结是灯常见现象。 (4)电源电压太高或镇流器配用不当	(1)调换灯管。 (2)调换辉光启动器。 (3)灯管工作后即能蒸发或将灯管旋转180°。 (4)调整电源电压或调换适当的镇流器
灯光闪烁或光在管内滚动	(1)新灯管暂时现象。 (2)灯管质量不好。 (3)镇流器配用规格不符或接线松动。 (4)辉光启动器损坏或接触不好	(1)开用几次或对调灯管两端。 (2)换一根灯管试一试有无闪烁。 (3)调换合适的镇流器或加固接线。 (4)调换辉光启动器或使辉光启动器接触良好

操作任务　照明电路综合实训

一、操作目的

通过本操作任务的学习,能够掌握单开单控开关、单开双控开关、闸刀开关、插座、漏电开关、单相电能表和荧光灯照明电路的设备连接方法。

二、操作准备

(1)单开单控开关、单开双控开关、闸刀开关、插座、漏电开关、单相电能表、荧光灯照明电路、接线端子排、导线若干。

(2)电工工作服、安全帽、绝缘手套、绝缘鞋。

(3)操作人员手干净不潮湿。

（4）操作人员熟悉单开单控开关、单开双控开关、闸刀开关、插座、漏电开关、单相电能表、荧光灯照明电路的电路连接方法,能够识读照明电路图。

三、操作步骤

根据照明电路原理图,如图 4-31 所示,完成单开单控开关、单开双控开关、闸刀开关、插座、漏电开关、单相电能表和荧光灯照明电路的连接。

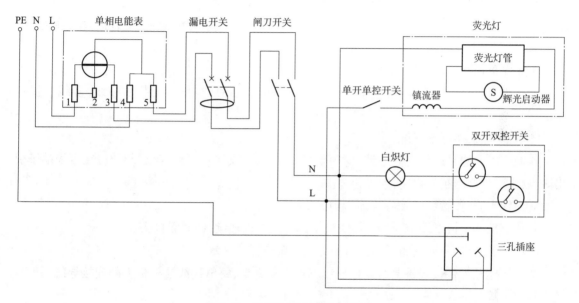

图 4-31　荧光灯照明电路原理图

步骤一:导线的选择。

（1）选择导线。选用规格为 BV-2.5 mm^2 的导线。

（2）导线的颜色要求:

①三相电路:U—黄,V—绿,W—红,N—淡蓝色,PE—黄绿相间。

②单相电路:L—红（蓝）,N—蓝（灰）。

步骤二:元器件的检测。用万用表对单开单控开关、单开双控开关、闸刀开关、插座、漏电开关、单相电能表、荧光灯照明电路和所需导线进行检测,判别元器件是否完好。

步骤三:接线。

（1）固定各电气元件,安装接线。线路按电源→单相电能表→漏电开关→闸刀开关→控制开关→用电器的顺序接线。

特别应注意以下几点:

①电路中有串联电路和并联电路时应"先串后并、从左到右、从上到下"进行电路连接。

②单相电能表的相线 L、中性线 N 进出电能表,应与电能表的接线端子图一致,如图 4-32 所示。接线完成后,应确认导线入表处无外露裸线。

③漏电开关和闸刀开关的接线原则是上进下出、左火右零。

④荧光灯电路的连接应注意相线 L 先进单控开关,再进其他元器件;镇流器的进出线应与镇流器的接线图示一致。

⑤白炽灯电路的连接应注意相线 L 先进双控开关,再白炽灯;双控开关的接线前应先用万用表判别其 3 个接线柱之间的通断关系。

⑥插座的接线原则是面对插座"左零、右火、上接地"。

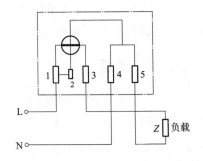

图 4-32 单相电能表的接线端子图

(2)照明电路安装布线工艺要求:

①元件布置整齐、美观、合理。

②布线通道尽可能少,同路并行导线分类集中,单层密排,紧贴安装面布线,多线合拢一起走。

③横平竖直,拐弯成直角。

④同一平面的导线应高低一致,少用导线少交叉,非交叉不可时,该根导线应在接线端子引出时,就水平架空跨越,但必须走线合理。

⑤接线牢固,接触良好,线头露铜为 1~2 mm。

⑥所有从一个接线端子到另一接线端子的导线必须连续,中间无接头。

⑦同一元件、同一回路的不同接点的导线间距应保持一致。

⑧一个电气元件接线桩上的连接导线不得多于 2 根,每节接线端子板上的连接导线一般只允许连接 1 根。

四、操作考核

表 4-3 中第 3 项为否定项,未正确接线则实操不合格。

表 4-3 操作考核

序 号	考核要点	操作要点	得 分
1	导线的选择	选择导线 BV-2.5 mm²;颜色正确	
2	元器件的检测	运用万用表对各元器件进行检测,验明是否完好	
3	接线	根据照明电路原理图,正确连接照明电路	
4	工艺要求	元件布置整齐、美观、合理;横平竖直,拐弯成直角;接线牢固、接触良好,线头露铜为 1~2 mm;导线中间无接头;一个电气元件接线桩上的连接导线不超过 2 根	
	合 计		

项目五 电动机拆装与检修

现代各种生产机械都广泛应用电动机来驱动。三相异步电动机结构简单,成本低廉,坚固耐用,得到广泛应用,约占到全世界电机数量的60%,甚至更高。与同容量的三相异步电动机相比,单相异步电动机体积稍大,性能稍差,效率和功率因数稍低,然而由于容量不大,其缺点并不突出。恰恰相反,由于只需要单相交流电,使用方便,广泛应用于家用电器、电动工具、医用器械和自动化仪表领域。与交流电动机相比,直流电动机具有优良的调速性能和起动性能,过载能力强,能满足自动化生产系统的特殊运行要求,广泛应用于地铁列车、城市电车和电解、电镀设备。

学习目标

1. 知识目标

(1)熟悉三相异步电动机的各部件作用、工作原理,起动、调速和制动过程与方法,装配、拆卸步骤与方法,维护要点以及常见故障及其排除方法。

(2)了解单相异步电动机的特点、种类和基本结构,起动、反转和调速,拆装步骤和测试方法,常见故障原因及检修方法。

(3)了解直流电动机的基本结构、分类、工作原理,起动方式、反转、调速和制动,拆装步骤、测试方法和注意事项、日常检查和维护方法。

2. 能力目标

(1)会拆卸和装配三相异步电动机。

(2)会对三相异步电动机进行维护或排除简单故障。

3. 素质目标

(1)培养严格遵守设备的安全操作规程的品质。

(2)培养探究学习和终身学习的精神。

学习任务一 三相异步电动机的拆装与检修

现代各种生产机械都广泛应用电动机来驱动,生产机械由电动机驱动有很多优点:

(1)简化生产机械的结构;
(2)提高生产效率和产品质量;
(3)实现自动控制和远距离操纵;
(4)减轻繁重的体力劳动。

有的生产机械由一台电动机驱动,如单轴钻床。有的生产机械由多台电动机驱动,如机床由多台电动机来驱动,其主轴、刀架、横梁以及润滑油泵和冷却油泵分别由一个电动机驱动;电动车组由几十台功率为几百千瓦的牵引电动机联合驱动。

一、三相异步电动机的基本知识

电机是进行机电能量转换或信号转换的电磁机械装置。将机械功率转换为电功率的电机称为发电机;将电功率转换为机械功率的电机称为电动机。按照供电电流种类,电动机分为交流电动机和直流电动机;按照供电电源相数,交流电动机分为三相电动机和单相电动机;按照转子速度与同步速度的关系,交流电动机分为异步电动机和同步电动机。其中,三相异步电动机结构简单,成本低廉,坚固耐用,应用广泛。

1. 三相异步电动机的结构

三相异步电动机由定子和转子两部分组成。定子在空间静止不动,由定子铁芯、定子绕组、机座、端盖组成。转子是电动机的旋转部分,由转子铁芯和转子绕组组成。三相异步电动机分为笼型电动机和绕线型电动机。笼型电动机结构简单、价格低廉、工作可靠,不能人为改变电动机的机械特性。绕线型电动机结构复杂、价格较贵、维护工作量大,转子外加电阻可人为改变电动机机械特性。三相异步电动机的外形如图5-1所示,三相笼型电动机拆分后如图5-2所示。

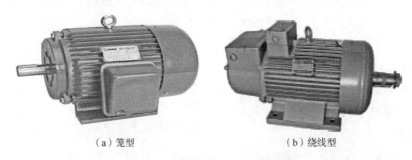

(a)笼型　　　　　　　　(b)绕线型

图 5-1　三相异步电动机的外形

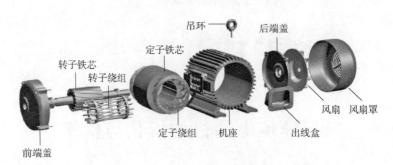

图 5-2　三相笼型电动机的拆分图

1) 定子铁芯

定子铁芯(见图 5-3)呈圆筒状,装入机座内,是电动机主磁通磁路的一部分。为了减小铁芯损耗,它是由厚度为 0.35 mm 或者 0.5 mm 的硅钢片叠装压紧而成,片间用绝缘漆绝缘,硅钢片的内周有槽,定子铁芯圆周内表面沿轴向有均匀分布的直槽,用以嵌放定子绕组。为了增加散热面积,当定子铁芯比较长时,一般沿轴线方向每隔一定距离设置一条通风沟。

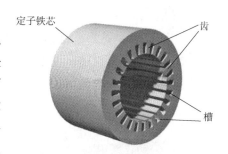

图 5-3 定子铁芯

2) 定子绕组

定子绕组(见图 5-4)由在空间相差 120°电角度、对称排列的、结构完全相同的三相绕组组成。为了产生多对磁极的旋转磁场,每相绕组由多个线圈串联组成。每相绕组按照一定规律分散嵌放在定子铁芯槽内。三相定子绕组与交流电源相接。为此,将三相定子绕组的首、末端都引到固定在电动机外壳的接线盒上。盒内有 6 个接线柱,分别标注字母 U_1、U_2、V_1、V_2、W_1、W_2。

图 5-4 定子绕组

3) 机座

机座通常由铸铁或铸钢制成,是整个电动机的支撑部分。为了加强散热能力,其外表面有散热筋。

4) 转子铁芯

转子铁芯(见图 5-5)是电动机主磁通磁路的一部分,如图 5-5 所示。先把 0.35 mm 或者 0.5 mm 厚的硅钢片冲压成外周有槽的薄片,再将多个这样的薄片叠放固定在转轴上,从而构成转子铁芯,转子铁芯可绕转轴转动。

图 5-5 转子铁芯

5) 转子绕组

转子绕组是自成闭路的短路线圈。转子绕组不需外接电源供电,其电流是电磁感应作用产生的。转子绕组有两种结构形式:笼型转子和绕线型转子。

笼型转子是在铁芯槽内放置铜条,铜条两端用铜制短路环焊接起来,如图 5-6 所示。如果将定子铁芯去掉,其形状如鼠笼,所以称之为笼型转子。中、小型笼型电动机的转子一般都采用铸铝转子,用压力浇铸或离心浇铸的方法将转子槽中的导体、短路环以及端部的风扇铸造在一起,与转子铁芯形成一个整体。笼型转子的优点是构造简单、价格便宜、运行安全可靠、使用方便,是应用最广泛的一种电动机。

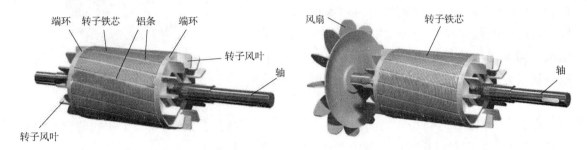

图 5-6　笼型转子绕组

绕线型转子的绕组与定子绕组一样,也是三相对称绕组,按一定规律嵌放在转子表面的冲槽内,如图 5-7 所示。转子绕组通常接成星形,其 3 个末端连在一起,埋设在转子内,而 3 个首端则连接到装在转轴一端的 3 个铜制滑环上。3 个滑环之间,以及它们与转轴之间都是彼此绝缘的。滑环与固定在端盖上的电刷架内的电刷滑动接触。三相绕组的首端就通过这种电刷、滑环结构与外部变阻器相连接,转动可变电阻器的手柄,即可调节串入每相绕组的电阻值,并可使之短路。

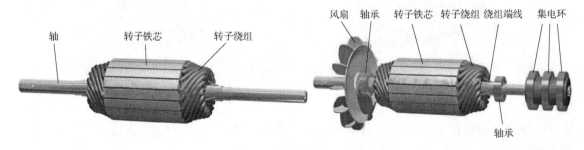

图 5-7　绕线型转子绕组

6) 轴承

轴承是电动机定子和转子衔接的部位,轴承有滚动轴承和滑动轴承两类,多数电动机采用滚动轴承。这种轴承外部有储存润滑油的油箱,轴承上装有油环,轴转动时带动油环转动,把油箱中的润滑油带到轴和轴承的接触面上。为了使润滑油能分布在整个接触面上,轴承上紧贴轴的一面一般开有油槽。

7) 集电环与电刷

对于绕线型电动机,其转子绕组线端通过集电环与电刷引出。电刷由润滑性与导电性好的石墨质材料压制而成,电刷装在刷握内,刷握上有压紧电刷的弹簧压片;刷握安装在刷杆上,刷杆是绝缘的,刷杆上安装 3 套独立的刷握,位置对应 3 个集电环,每套刷握有 2 个电刷,共有 6 个电刷。图 5-8(a)是该电刷装置的轴向视图,图 5-8(b)是该电刷装置的径向视图,

图 5-8(c)是电刷装置的立体图。电刷压簧一般采用在较长范围内压力较稳定的涡状弹簧片或恒压弹簧片。

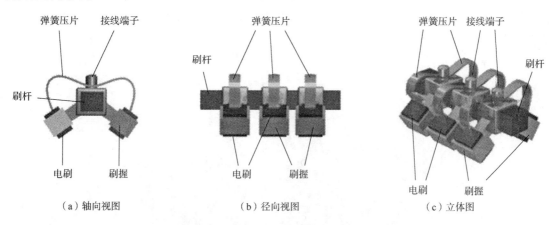

图 5-8 电刷结构图

集电环较多采用黄铜或锰钢等导电良好、润滑耐磨的材料制成,3 个独立的集电环紧固在绝缘套筒上,保证环与环、环与转轴之间互相绝缘。每个集电环通过一根导电杆引出作为接线端,导电杆穿过其他集电环时由绝缘套管隔开,3 个导电杆分别连接 3 个集电环,相互绝缘。图 5-9(a)是剖开的集电环,表示导电杆与集电环连接或绝缘,A 导电杆直接连接集电环 1,B 导电杆穿过集电环 1 连接集电环 2,C 导电杆穿过集电环 1 和集电环 2 连接集电环 3。图 5-9(b)是完整的集电环;图 5-9(c)是集电环与电刷的组合图,电刷被弹簧压片压向集电环,保证电刷与集电环的良好接触。

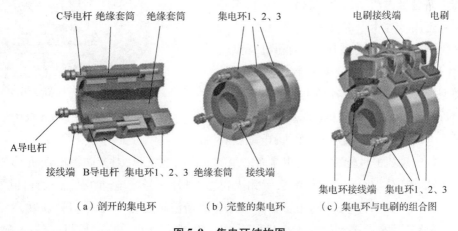

图 5-9 集电环结构图

8) 端盖与风扇罩

在机座两端要安装端盖,端盖起着支撑转子的作用,同时密封电动机。端盖中部是轴承安装孔,安装好轴承后盖上轴承盖,在电动机的后端还有风扇罩,如图 5-10 所示。机座装上端盖后,转子和定子绕组都密封在机座内,可以防尘。定子与转子产生的热量由机座外壳散热,笼型转子上的风叶搅动机内空气使热量传到外壳上,外壳上的散热片加大了散热面积。另外,在电动机端盖外还装有风扇罩,风扇罩端部开有通风孔,风扇旋转时空气从风扇罩端部进入,从风扇罩与端盖之间的空隙吹出,吹向机座上的散热片,大大加速了电动机的散热。图 5-11 中的箭头线表示散热气流的走向。

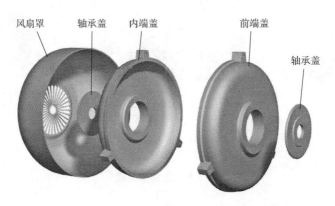

图 5-10 端盖与风扇罩

异步电动机剖面图如图 5-12 所示。

2. 三相异步电动机的型号

三相异步电动机的铭牌示意图如图 5-13 所示,包含产品型号、功率、额定电压、额定电流、转速、功率因数、绝缘等级、外壳防护、接法、噪声等。电动机的产品型号由产品代码、规格代号、特殊环境代号和补充代号等 4 个部分组成,如图 5-14 所示。产品代码由电动机类型代号、电动机特点代号、设计序号和励磁方式代号 4 个小节顺序组成。电动机类型代号表征电动机各种类型而采用的汉语拼音字母,Y 表示异步电动机(笼型和绕线型),T 表示同步电动机,Z 表示直流电动机;电动机特

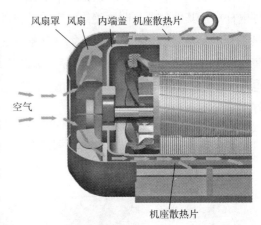

图 5-11 笼型异步电动机的散热通道

点代号是表征电动机的性能、结构或用途而采用的汉语拼音字母,对于防爆电动机,A 表示增安型,B 表示隔爆型,ZY 表示正压型,W 表示无火花型;设计序号指电动机产品设计的顺序,用阿拉伯数字表示;励磁方式代号分别用字母 S 表示 3 次谐波励磁,J 表示晶闸管励磁,X 表示相复励磁,W 表示无刷励磁。电动机的规格代号用中心高、铁芯外径、机座号、机壳外径、轴伸直径、凸缘代号、机座长度、铁芯长度、功率、电流等级、转速或极数等来表示,主要系列电动机产品的规格代号见表 5-1,机座长度采用国际通用字母符号表示,S 表示短机座,M 表示中机座,L 表示长机座;铁芯长度按由短至长,顺序用数字 1、2、3……表示。特殊环境代号按表 5-2 的规定选用,补充代号仅适用于有此要求的电动机。

项目五 电动机拆装与检修

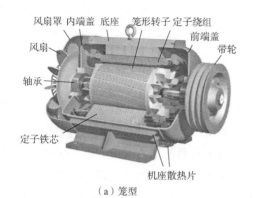

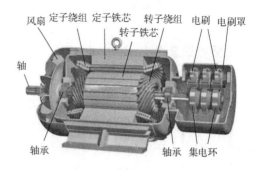

（a）笼型　　　　　　　　　　　　（b）绕线型

图 5-12　异步电动机剖面图

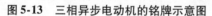

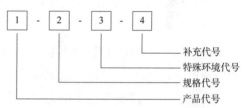

图 5-13　三相异步电动机的铭牌示意图　　　图 5-14　电动机产品型号命名规则

表 5-1　主要系列电动机产品的规格代号

序号	产品系列	规格代号
1	小型异步电动机	中心高(mm)-机座长度(字母表示)-铁芯长度(数字代号)-极数
2	中大型异步电动机	中心高(mm)-铁芯长度(数字代号)-极数
3	小型直流电动机	中心高(mm)-铁芯长度(数字代号)
4	中型直流电动机	中心高(mm)或机座号(数字代号)-铁芯长度(数字代号)-电流等级(数字代号)
5	大型直流电动机	电枢铁芯外径(mm)-铁芯长度(mm)

表 5-2　特殊环境代号

序　号	特殊环境	代　号
1	"高"原用	G
2	户"外"用	W
3	化工防"腐"用	F
4	"湿热"带用	TH
5	"干热"带用	TA

示例1：型号 Y 112S-6 表示小型异步电动机，中心高 112 mm，短机座，6 极。

示例2：型号 Y 500-2-4 表示中型异步电动机，中心高 500 mm，2 号铁芯长，4 极。

示例3：型号 YB 160M-4-WF 表示隔爆型异步电动机,中心高 160 mm,中机座,4 极,户外用,化工防腐用。

3. 主要参数及含义

1）额定电压 U_N

额定电压是指电动机额定运行时,外加于定子绕组上的线电压,单位为伏(V)。一般规定电动机的工作电压不应高于或低于额定值的5%。当工作电压高于额定值时,磁通将增大,使励磁电流大大增加,大于额定电流,使绕组发热。同时,由于磁通的增大,铁损耗(与磁通二次方成正比)也增大,使定子铁芯过热;当工作电压低于额定值时,引起输出转矩减小,转速下降,电流增加,也使绕组过热,这对电动机的运行也是不利的。我国生产的 Y 系列中、小型异步电动机,额定功率在 3 kW 以上的,额定电压为 380 V,绕组为三角形联结;额定功率在 3 kW 及以下的,额定电压为 380 V/220 V,绕组为 Y/△ 联结,即电源线电压为 380 V 时,电动机绕组为星形联结;电源线电压为 220 V 时,电动机绕组为三角形联结。

2）额定电流 I_N

额定电流是指电动机在额定电压和额定输出功率时,定子绕组的线电流,单位为安(A)。当电动机空载时,转子转速接近于旋转磁场的同步转速,两者之间相对转速很小,所以转子电流近似为零,这时定子电流几乎全为建立旋转磁场的励磁电流。

3）额定频率 f_N

我国电力网的频率为 50 Hz。因此,除外销产品外,国内用的异步电动机的额定频率为 50 Hz。

4）额定效率 η_N

额定效率是指电动机在额定情况下运行时的效率,是额定输出功率与额定输入功率的比值。异步电动机的额定效率为 75% ~ 92%。

5）额定功率因数 $\cos \varphi_N$

因为电动机是电感性负载,定子相电流比相电压滞后一定角度,这个角度的余弦值就是异步电动机的功率因数。三相异步电动机的功率因数较低,额定负载时为 0.7 ~ 0.9,轻载和空载时更低,空载时只有 0.2 ~ 0.3。因此,必须正确选择电动机的容量,防止"大马拉小车",并力求缩短空载的时间。

6）额定功率 P_N

额定功率是指电动机在制造厂所规定的额定情况下运行时,其输出端的机械功率,单位一般为千瓦(kW)。三相异步电动机的额定功率 $P_N = \sqrt{3} U_N I_N \eta_N \cos \varphi_N$。

7）额定转速 n_N

额定转速是指电动机在额定电压、额定频率、额定功率输出时转子的转速,单位为 r/min。由于生产机械对转速的要求不同,需要生产不同磁极对数的异步电动机,因此有不同的转速等级。最常用的是四极的异步电动机($n_0 = 1\ 500$ r/min)。

8）绝缘等级

绝缘等级指按电动机绕组所用的绝缘材料在使用时容许的极限温度来分级的，见表5-3。所谓极限温度是指电动机绝缘结构中最热点的最高容许温度。

表5-3 绝缘等级与极限温度对照表

绝缘等级	A	E	B	F	H
极限温度/℃	105	120	130	155	180

9）工作方式

反映异步电动机的运行情况，可分为3种基本方式：连续运行、短时运行和断续运行。

4. 三相异步电动机的工作原理

当三相异步电动机三相定子绕组通入三相对称的交流电流时，就会在定子和转子之间的气隙中产生一个旋转磁场，依靠这个旋转磁场，将定子的电能传递给转子。

1）旋转磁场的产生

三相异步电动机的定子绕组嵌放在定子铁芯槽内，按一定规律连接成三相对称结构。三相绕组 U_1U_2，V_1V_2，W_1W_2 在空间互成 $120°$，它可以联结成星形，也可以联结成三角形。当三相绕组接至三相对称电源时，则三相绕组中便通入三相对称电流 i_1、i_2、i_3：

$$i_1 = I_m \sin \omega t$$

$$i_2 = I_m \sin(\omega t - 120°)$$

$$i_3 = I_m \sin(\omega t + 120°)$$

电流的参考方向和随时间变化的波形图如图5-15所示。旋转磁场的产生过程如图5-6所示。为了分析方便，选几个不同的时刻，根据电流的实际方向进行讨论，并假定当电流从线圈的首端流入，从尾端流出时为正，首端用"⊕"表示，尾端用"⊙"表示。

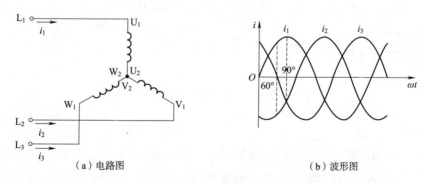

（a）电路图　　　　（b）波形图

图5-15 三相对称电流

在 $\omega t = 0°$ 时，定子绕组中的电流方向如图5-16(a)所示。这时 $i_A = 0$，i_B 是负的，其方向与参考方向相反，即自 V_2 到 V_1；i_C 是正的，其方向与参考方向相同，即自 W_1 到 W_2。按右手螺旋定则可得到各个导体中电流所产生的合成磁场的方向，如图5-16(a)所示，是一个具有两个磁极的磁场,上面是 N 极,下面是 S 极,即磁极对数 $p=1$。同理,可以画出 $\omega t=60°$,$\omega t=90°$ 时的磁场分布情况,如图 5-16(b)、(c)所示。通过分析可以看出,当三相定子绕组中通入对称三相电流时,产生的合成磁场在空间旋转。当三相电流变化一个周期时,三相电流所产生的合成磁场正好旋转一圈。

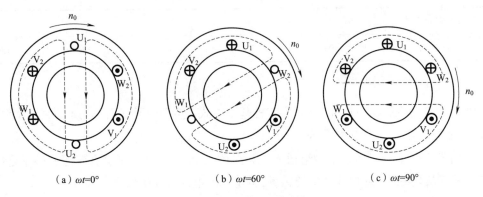

图 5-16　三相电流产生的旋转磁场($p=1$)

2)旋转磁场的转向

由图 5-16 可见,当通入定子三相绕组的电流相序为 L_1、L_2、L_3 时,旋转磁场的方向为 $U_1 \to V_1 \to W_1$,为顺时针方向。如果将与三相电源相连接的电动机 3 根导线中的任意 2 根对调一下,则定子电流的相序随之改变,旋转磁场的旋转方向也发生改变。电动机就会反转,如图 5-17 所示。

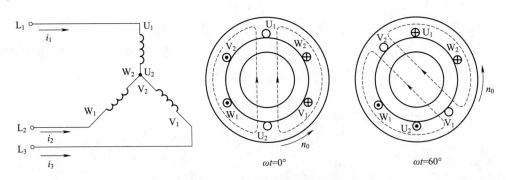

图 5-17　旋转磁场的反转

3)旋转磁场的极数

三相异步电动机的极数就是旋转磁场的极数。旋转磁场的极数和三相定子绕组的安排有关。在图 5-17 的情况下,每相绕组只有一个线圈,三相绕组的始端之间相差 120°,则产生的旋转磁场具有一对磁极,即 $p=1$。如将定子绕组按图 5-18 所示排列,如果定子绕组每相绕组有 2 个均匀安排的线圈串联,三相绕组的始端之间只相差 60° 的空间角,则产生的旋转磁场具有两对磁极,即 $p=2$。同理,如果要产生三对磁极,即 $p=3$ 的旋转磁场,则每相绕组必须均匀安排 3 个线圈串联,三相绕组的始端之间相差 40° 的空间角。

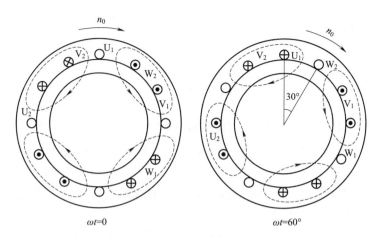

图 5-18 三相电流产生的旋转磁场（$p=2$）

4）旋转磁场的转速

三相异步电动机的转速与旋转磁场的转速有关，而旋转磁场的转速决定于旋转磁场的极数。可以证明，在磁极对数 $p=1$ 的情况下，三相定子电流变化一个周期，所产生的合成旋转磁场在空间旋转一周。当电源频率为 f 时，对应的旋转磁场转速 $n_0=60f$。当电动机的旋转磁场具有 p 对磁极时，合成旋转磁场的转速 $n=60f/p=n_0/p$。式中 n_0 称为同步转速即旋转磁场的转速，其单位为 r/min；我国电力网电源频率 $f=50$ Hz，故当电动机磁极对数 p 分别为1、2、3、4时，相应的同步转速 n_0 分别为 3 000 r/min、1 500 r/min、1 000 r/min、750 r/min。

5）电动机的转动原理

三相异步电动机工作原理示意图如图 5-19 所示。

根据安培定律，载流导体与磁场相互作用而产生电磁力 F，其方向由左手定则决定。电磁力对于转子转轴所形成的转矩称为电磁转矩 T，在电动机的转动原理的作用下，电动机转子便转动起来。当三相定子绕组接至三相电源后，三相绕组内将流过对称的三相电流，并在电动机内产生一个旋转磁场。当 $p=1$ 时，图 5-19 中用一对以恒定同步转速 n_0（旋转磁场的转速）按顺时针方向旋转的电磁铁来模拟该旋转磁场，在它的作用下，转子导体逆时针方向切割磁力线而产生感应电动势。感应电动势的方向由右手定则确定。由于转子绕组是短接的，所以在感应电动势的作用下，产生感应电流，即转子电流 i_2。即异步电动机的转子电流是由电磁感应而产生的，因此这种电动机又称感应电动机。

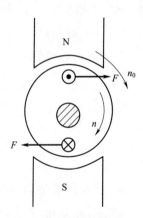

图 5-19 三相异步电动机工作原理示意图

由图 5-19 可见，电磁转矩与旋转磁场的转向是一致的，故转子旋转的方向与旋转磁场的方向相同。但电动机转子转速 n 必须低于旋转磁场同步转速 n_0。如果转子转速达到 n_0，那么转子与旋转磁场之间就没有相对运动，转子导体将不切割磁通，于是转子导体中就不会产生感应电动势和转子电流，也不可能产生电磁转矩，所以电动机转子不可能维持在 n_0 状态下运行。可见，电动机只有在转子转速 n 低于同步转速 n_0 时,才能产生电磁转矩并驱动负载稳定运行。因此这种电动机称为异步电动机。

6) 转差率

异步电动机的转子转速 n 与旋转磁场同步转速 n_0 之差是保证异步电动机工作的必要条件。这两个转速之差与同步转速之比称为转差率,用 s 表示,即 $s = (n_0 - n)/n_0$。由于异步电动机的转速 $n < n_0$,且 $n > 0$,故转差率在 $0 \sim 1$ 的范围内,即 $0 < s < 1$。对于常用的异步电动机,在额定负载时的额定转速 s_N 很接近同步转速,所以额定转差率 s_N 很小,为 $0.01 \sim 0.09$,s 有时也用百分数来表示。

例 5-1　三相异步电动机的磁极对数 $p = 3$,电源频率 $f_1 = 50$ Hz,电动机额定转速 $n = 960$ r/min。求转差率 s。

解:同步转速为

$$n_1 = \frac{60 f_1}{p} = \frac{60 \times 50}{3} \text{ r/min} = 1\,000 \text{ r/min}$$

转差率为

$$s = \frac{n_1 - n}{n_1} \times 100\% = \frac{1\,000 - 960}{1\,000} \times 100\% = 4\%$$

例 5-2　有一台三相异步电动机,其额定转速 $n = 1\,450$ r/min,空载转差率为 0.26%。求该电动机的磁极对数、同步转速、空载转速 n_0 及额定负载时的转差率。

解:要求转差率,首先应知道同步转速 n_1。最接近于 $n = 1\,450$ r/min 的同步转速是 $n_1 = 1\,500$ r/min,磁极对数 $p = 2$。

空载时的转速为

$$n_0 = n_1(1 - s_0) = 1\,500 \times (1 - 0.002\,6) \text{ r/min} \approx 1\,496 \text{ r/min}$$

额定转差率为

$$s_N = \frac{n_1 - n}{n_1} \times 100\% = \frac{1\,500 - 1\,450}{1\,500} \times 100\% = 3.3\%$$

5. 三相异步电动机的起动

从异步电动机接入电源,转子开始转动运行到稳定运转的过程,称为起动。电动机能够起动的条件是起动转矩 T_{st} 必须大于负载转矩 T_2。起动瞬间,$n = 0$,$s = 1$,E 最大,I_{st} 最大。对于中小型三相笼型异步电动机,起动转矩 $T_{st} = (1.3 \sim 2) T_N$,起动电流 $I_{st} = (4 \sim 7) I_N$。电动机在起动时,尽管起动电流较大,但由于转子的功率因数很低,因此电动机的起动转矩并不大。电动机起动的特点:起动转矩一般大于额定转矩;起动电流较大,引起电动机本身发热;使得母线电压降低,会影响到其他设备的正常运行。实际应用中,应根据电动机的起动转矩、起动电流和电网电源的要求,采用适当的起动方法。对于笼型电动机,起动分为全压起动和降压起动。对于绕线型电动机可采用转子回路串电阻增大起动转矩。

全压起动是将电动机直接接到额定电压上的起动方式,也称为直接起动,如图 5-20 所示。其优点是设备简单,操作方便,起动时间短;其缺点是起动电流较大,将使线路电压下降,影响负载正常工作。如果电动机和照明负载共用一台变压器供电,则电动机起动时引起的电压降不能超过额定电压的 5%;若电动机由独立的变压器供电,起动频繁时,则电动机功率不能超过变压器容量的 20%,若电动机不经常起动,则其功率只要不超过变压器容量的 30% 即可直接起动。一般 30 kW 以下的笼型异步电动机可考虑采用直接起动。降压起动的目的是减小电动机起动时对电网的影响,其方法是在起动时降低加在电动机定子绕组上的电压,待电动机转速接近稳定时,再把电压恢复到正常值。由于电动机的转矩与其电压二次方成正比,所以降压起动时转矩亦会相应减小。降压起动分为定子串电阻、Y-△以及自耦变压器降压起动等。定子串电阻降压起动接线电路如图 5-21 所示,外接起动电阻上有较大的功率损耗,经济性较差。Y-△降压起动是指对于工作时定子绕组联结成三角形的笼型电动机,起动时连接成星形,等到转速接近额定值时再换接成三角形,Y-△降压起动电路图如图 5-22 所示,应用于正常运行时定子绕组为三角形连接的电动机,起动电流为全压起动时的 1/3,起动转矩为三角形起动时的 1/3,不适合高起动转矩场合,适合空载或轻载起动。Y 起动时,绕组尾端连成一点,如图 5-23(a) 所示,△ 运行时,首尾相接构成闭环,如图 5-23(b) 所示。自耦变压器降压起动电路图如图 5-24 所示,起动电压可根据需要选择,使用灵活,适用于不同的负载;不论电动机定子绕组采用Y或△运行都可使用;设备体积大、笨重、成本高。自耦变压器降压变压器上常备有 2~3 组抽头,输出不同的电压,一般为电源电压的 80%、60%、40%,供用户选用。采用自耦变压器降压起动,在减小起动电流的同时,起动转矩也会减小,如果选择的自耦变压器的降压比为 $k(k<1)$,则起动电流 I_{st} 和起动转矩 T_{st} 都为直接起动的 k^2 倍。

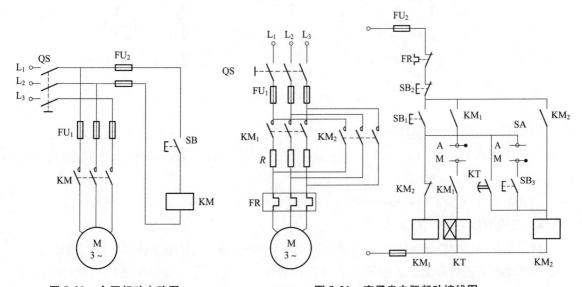

图 5-20 全压起动电路图　　图 5-21 定子串电阻起动接线图

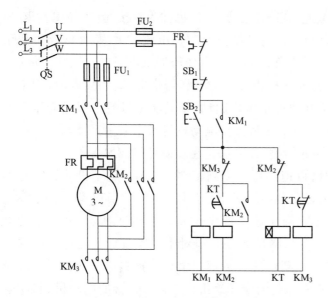

图 5-22 Y-△降压起动电路图   图 5-23 Y-△起动绕组连接示意图

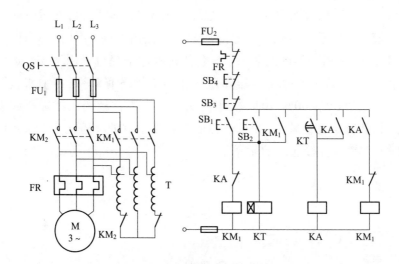

图 5-24 自耦变压器降压起动电路图

例 5-3 三相异步电动机的电源电压为 380 V,三相定子绕组采用△接法运行,额定电流 $I_N = 20$ A,起动电流 $I_{st}/I_N = 7$,求(1)△接法时的起动电流 $I_{st△}$;(2)若起动时改为Y接法,求 I_{stY}。

解:(1)$I_{st△} = 7I_N = 7 \times 20$ A $= 140$ A

(2)$I_{stY} = I_{st△}/3 = 140/3$ A $= 47$ A

6. 三相异步电动机的调速

调速是在一定的负载条件下,人为地改变电动机的电路参数,使电动机的转速发生改变,以满足不同生产工艺的要求。三相异步电动机的转速 $n = n_0(1-s)/p = 60f(1-s)/p$,单位为 r/min。式中,$n_0$ 为同步转速,r/min;f 为交流供电频率,Hz;p 为电动机磁极对数;s 为转差率。由上式可见,异步电动机有 3 种调速方法:改变磁极对数、改变转差率和改变电源频率。

变频调速是通过改变笼型异步电动机定子绕组的供电频率来改变同步转速而实现调速的。如能均匀地改变供电频率,则电动机的同步转速及电动机的转速均可以平滑地改变。在基频以下实现恒转矩调速,在基频以上实现恒功率调速。在交流异步电动机的诸多调速方法中,变频调速的性能最好,其特点是调速范围大、稳定性好、运行效率高,可实现无级调速,并具有较好的机械特性。目前已有多种系列的通用变频器问世,由于使用方便,可靠性高且经济效益显著,得到了广泛的应用。近些年变频调速技术发展很快,变频调速装置按照变频原理分为两种,一种是交-直-交变频器,由整流和逆变两个单元形成交流-直流-交流 3 个环节;另一种是交-交变频器,直接将频率固定的交流电转换为电压频率可调的交流电,包含交流-交流两个环节。

如果磁极对数减小一半,则旋转磁场的转速将提高一倍,转子转速也提高约一倍。因此改变磁极对数可以得到不同的转速。如何改变磁极对数,取决于定子绕组的布置和联结方式。笼型多速异步电动机的定子绕组是特殊设计和制造的,可以通过改变外部联结的方式来改变磁极对数,以达到调节转速的目的。可见变极调速需要磁极对数可调的多速电动机,常见的多速电动机有双速、三速、四速几种,是有级调速。双速电动机在机床上用得较多,由于调速时其转速呈跳跃性变化,因而只用在对调速性能要求不高的场合,如镗床、磨床、铣床等。以变极式(4 极-2 极)电动机为例,其接线分为Y-YY和△-YY两种方式,Y低速运行时,U_2、V_2、W_2接线端悬空,电源从 U_1、V_1、W_1接线端接入,磁极对数为 4,如图 5-25(a)所示;△低速运行时,U_2、V_2、W_2接线端悬空,电源从 U_1、V_1、W_1接线端接入,磁极对数为 4,如图 5-25(b)所示;YY高速运行时,接线端 U_1、V_1、W_1接在一起形成Y接法,电源从 U_2、V_2、W_2接线端接入,并且电源相序反接,磁极对数为 2,如图 5-25(c)所示。△-YY连接方式的感应式双速异步电动机按钮控制调速电路图如图 5-26 所示。

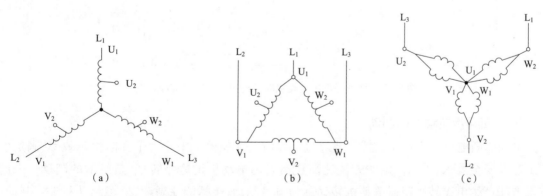

图 5-25 变极式(4 极-2 极)电动机接线示意图

绕线型异步电动机转子绕组串电阻调速是改变转差率调速方式之一,只要在绕线型异步电动机的转子电路中接入一个调速电阻 R_2,改变电阻 R_2 的大小,就可实现平滑调速。如果增大调速电阻 R_2,转差率 s 上升,转速 n 下降。其电路原理如图 5-27 所示,又起动转矩与转子电阻成正比,因此转子绕组串入附加电阻后,既可以降低起动电流,又可以增大起动转矩。绕线型异步电动机的起动性能和调速性能都优于笼型异步电动机，但其功率损耗较大，运行效率较低，结构复杂，维修不易且造价较高。这种调速方法广泛应用于起重设备中。

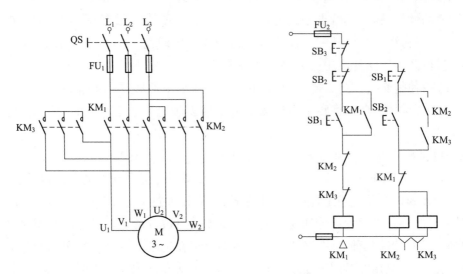

图 5-26　感应式双速异步电动机按钮控制调速电路图（△-YY）

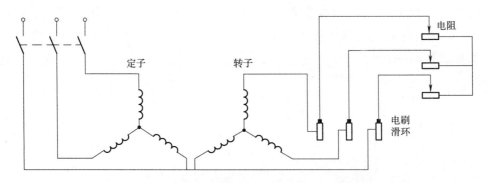

图 5-27　绕线型异步电动机转子绕组串电阻调速原理图

7. 三相异步电动机的制动

电动机断电后由于机械惯性总要经过一段时间才能停下来。为了提高生产效率、满足生产工艺及安全要求，采用一定的方法让高速运转的电动机迅速停转，就是所谓的制动。采用电气方法产生电磁转矩阻碍电动机转动称为电气制动，包括能耗制动、反接制动和再生制动。时间控制原则的单向运行能耗制动原理图如图 5-28 所示，速度控制原则的单向运行能耗制动原理图如图 5-29 所示，当电动机三相定子绕组与交流电源断开后，把直流电通入两相绕组，产生方向固定的磁场，电动机由于惯性仍在运转，转子导体切割固定磁场产生感应电流，载流导体受到与转子惯性方向相反的电磁力使电动机迅速停转，当电动机转速下降为零时，制动转矩变为零，因此采用能耗制动能实现迅速而准确的停车。电源两相反接产生制动转矩的方法称为反接制动,异步电动机的反接制动控制电路如图 5-30 所示,在主回路中串入电阻 R,是为了减小反接制动电流,防止电动机绕组过热。当需要制动时,把与电源相连接的 3 根相线任意 2 根的位置对调,使旋转磁场反向旋转;电动机由于惯性仍在运转,转子导体切割反向旋转磁场产生感应电流,载流导体受到与转子惯性方向相反的电磁力使电动机迅速停转。反接制动的优点是制动效果好,缺点是能耗大,制动准确度差,如要停车,还须由控制电路及时切除电源。反接制动特别适用于要求迅速停车并迅速反转的生产机械。再生制动是指当电动机转子的转速大于旋转磁场的转速时,旋转磁场产生的电磁转矩作用方向发生变化,由驱动转矩变为制动转矩。电动机进入制动状态,同时将外力作用于转子的能量转换成电能回送给电网,一般应用于位能性负载。

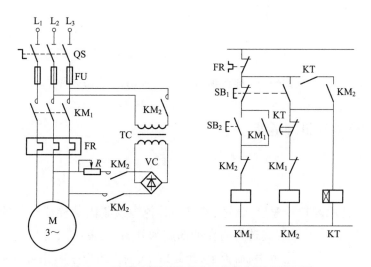

图 5-28　时间控制原则的单向运行能耗制动原理图

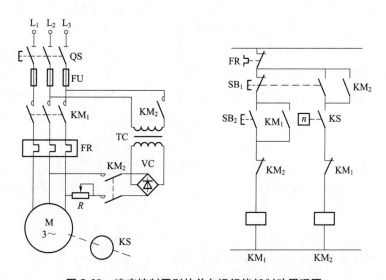

图 5-29　速度控制原则的单向运行能耗制动原理图

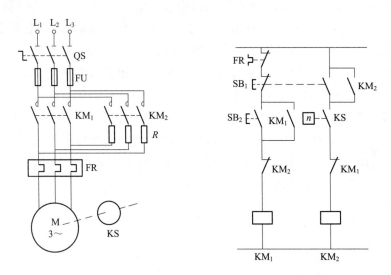

图 5-30 异步电动机的反接制动控制电路

二、三相异步电动机的拆装

1. 常用工具

1）扳手

扳手是利用杠杆原理拧转螺栓、螺钉、螺母和其他螺纹紧固螺栓或螺母的开口或套孔固件的手工工具。使用时,沿螺纹旋转方向在柄部施加外力,就能拧转螺栓或螺母。常用的扳手包括呆扳手、梅花扳手、两用扳手、活扳手、套筒扳手、内六角扳手和扭力扳手。活扳手是通用扳手,如图 5-31(a)所示,开口尺寸可在一定的范围内调节,在开口尺寸范围内的螺钉、螺母一般都可以使用,但不可用大尺寸的扳手去旋紧尺寸较小的螺钉,这样会因扭矩过大而使螺钉折断;应按螺钉六方头或螺母六方的对边尺寸调整开口,间隙不要过大,否则将会损坏螺钉头或螺母,并且容易滑脱,造成伤害事故;应让固定钳口受主要作用力,要将扳手柄向作业者方向拉紧,不要向前推,扳手手柄不可以任意接长,不应将扳手当锤击工具使用。呆扳手、套筒扳手、锁紧扳手和内六角扳手等称为专用扳手。它的特点是单头的只能旋拧一种尺寸的螺钉头或螺母,双头的也只可旋拧两种尺寸的螺钉头或螺母;呆扳手使用时应使扳手开口与被旋拧件配合好后再用力,如接触不好时就用力,容易滑脱,使作业者身体失衡;套筒扳手在使用时也需接触好后再用力,发现梅花套筒及扳手柄变形或有裂纹时,应停止使用,要注意随时清除套筒内的尘垢和油污;锁紧扳手和内六角扳手使用时要注意选择合适的规格、型号,以防滑脱伤手。

2）螺丝刀

螺丝刀是一种用来拧转螺钉以使其就位的常用工具,通常有一个薄楔形头,可插入螺钉头的槽缝或凹口内,如图 5-31(b)所示。螺丝刀用来拧螺钉时利用了轮轴的工作原理。当轮越大时越省力,所以使用粗把的螺丝刀比使用细把的螺丝刀拧螺钉更省力。主要包括普通螺丝刀、组合型螺丝刀、电动螺丝刀。头部型号有一字、十字、米字、T型(梅花型)、H型(六角)。从其结构形状来说,通常有直形、L形和T形。一字螺丝刀的型号表示为刀头宽度×刀杆长度,例如2 mm×75 mm,表示刀头宽度为2 mm,刀杆长度为75 mm(非全长);十字螺丝刀的型号表示为刀头大小×刀杆长度,例如2#×75 mm,表示刀头为2号,刀杆长度为75 mm(非全长)。使用时,根据规格标准,一般顺时针方向旋转为嵌紧,逆时针方向旋转则为松出。

3) 锤子

锤子是敲打物体使其移动或变形的工具。锤子是主要的击打工具,由锤头和锤柄组成。锤子有着各式各样的形式,常见的形式是一柄把手以及顶部。顶部的一面是平坦的以便敲击,另一面则是锤头。锤头的形状可以像羊角,也可以是楔形,也有着圆头形的锤头,如图5-31(c)所示。锤子的质量应与工件、材料和作用力相适应,太重和过轻都会不安全。使用锤子时,要注意锤头与锤柄的连接必须牢固,锤子的手柄长短必须适度,比较合适的长度是手握锤头,前臂的长度与锤子的长度相等;在需要较小的击打力时可采用手挥法,在需要较强的击打力时,宜采用臂挥法;采用臂挥法时应注意锤头的运动弧线,锤子柄部不应被油脂污染。

4) 拉钩

拉钩又称拉具、拉扒、拉机,如图5-31(d)所示。主要用于拆卸电动机的轴承、联轴器和带轮等紧固件。

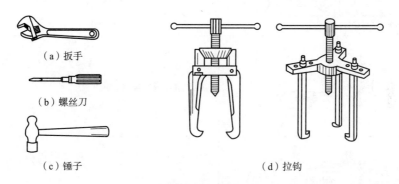

(a) 扳手

(b) 螺丝刀

(c) 锤子

(d) 拉钩

图5-31 常用工具示意图

2. 拆卸顺序

三相异步电动机拆卸步骤见表5-4。在拆卸过程中不能用锤子或坚硬的东西直接敲击联轴器或带轮,防止碎裂和变形;拆卸联轴器或带轮时,要在联轴器或带轮的轴伸端做好尺寸标记,再将联轴器或带轮上的定位螺钉或销子取出,装上拉钩,将联轴器或带轮卸下。如果由于锈蚀而难以拉动,可在定位孔内注入煤油,几小时后再拉;风扇一般用铝或塑料制成,比较脆弱,因此在拆卸时切忌用锤子直接敲打;拆卸轴承外盖时,为了便于装配时复位,应在端盖与机座接缝处做好标记;拆卸轴承时,用拉钩是最方便的,而且不易损坏轴承和转轴,使用时应根据轴承的大小选适宜的拉钩夹住轴承,拉钩的脚爪应紧扣在轴承内圈上,拉钩丝杠的顶尖要对准转子轴的中心孔,慢慢扳转丝杠,用力要均匀,丝杠与转子应保持在同一轴线上。

表 5-4　三相异步电动机的拆卸顺序

步骤	图示	说明
1	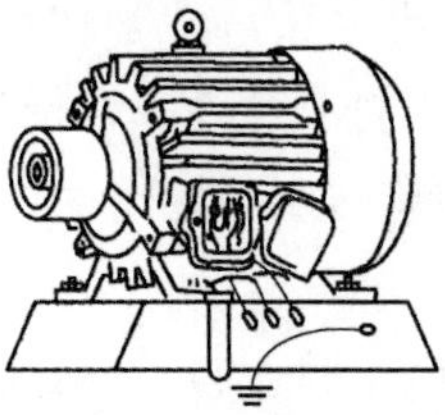	切断电源,拆下电动机与电源的连接线,并将电源连接线线头做好绝缘处理
2		脱开带轮或联轴器与负载的连接
3	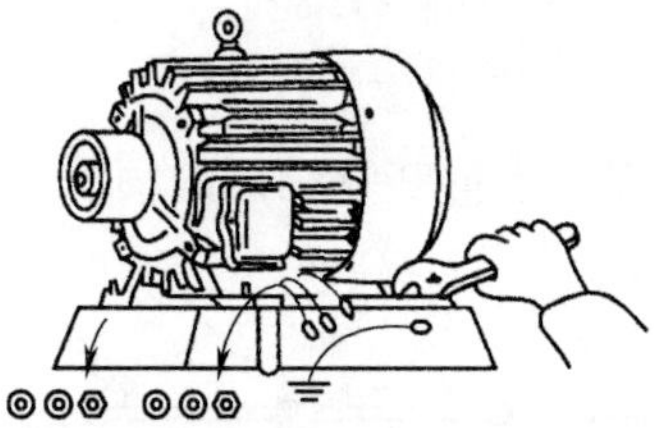	松开地脚螺栓和接地螺栓
4	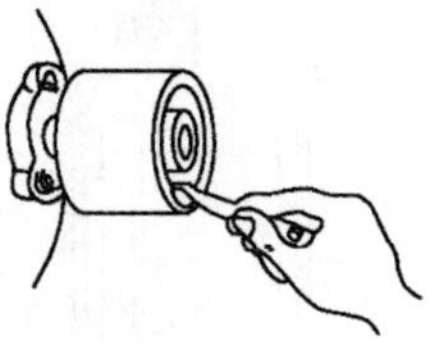	拆卸带轮或联轴器
5		拆卸风扇罩
6	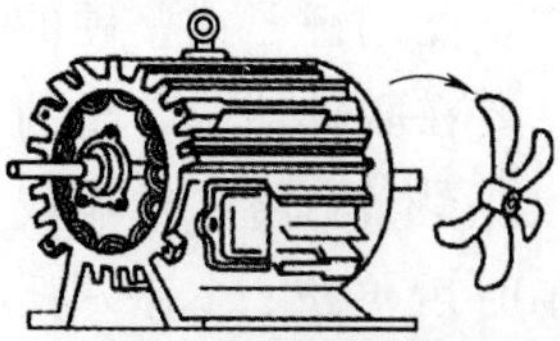	拆卸风扇(有些小型电动机的风扇可以不拆卸,与转子一起吊出)
7		拆卸前轴承(有些小型电动机采用半封闭轴承,没有轴承端盖)

续表

步骤	图 示	说 明
8		拆卸前端盖、后轴承盖和后端盖
9	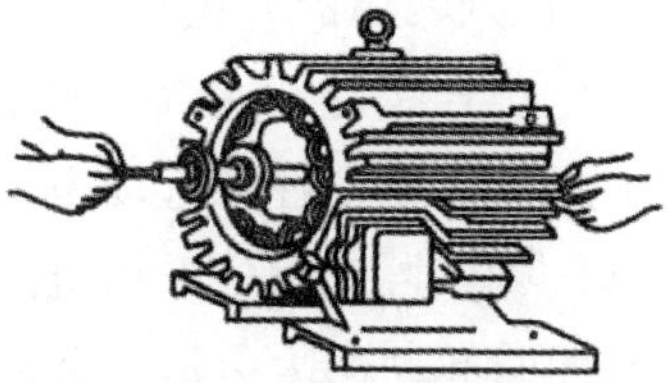	抽出或吊出转子

3. 装配顺序

三相异步电动机修理后的装配顺序大致与拆卸时相反,顺序如下:滚动轴承的安装,后端盖的安装,转子的安装,前端盖的安装,安装风扇和带轮。装配时要注意拆卸时的标记,尽量按原记号复位。

4. 装配后的检验

三相异步电动机装配后的检验内容包括:

(1) 一般检查。检查所有紧固件是否拧紧;转子转动是否灵活,轴伸端有无径向偏摆。

(2) 测量绝缘电阻。测量电动机定子绕组每相之间的绝缘电阻和绕组对机壳的绝缘电阻,其绝缘电阻值不能小于 0.5 MΩ。

(3) 测量电流。经上述检查合格后,根据铭牌规定的电流、电压,正确接通电源,安装好接地线,用钳形电流表分别测量三相电流,检查电流是否在规定电流的范围(空载电流约为额定电流的 1/3)之内;三相电流是否平衡。

(4) 通电观察。上述检查合格后可通电观察,用转速表测量转速是否均匀并符合规定要求;检查机壳是否过热;轴承有无异常声音。

三、三相异步电动机的运行维护

1. 运行前检查项目

三相异步电动机运行前检查项目包括绝缘电阻测定、电源电压与绕组连接检查、转动方向判断、起动与保护检查、安装情况检查等。电动机绝缘电阻测定的内容应包括三相间绝缘电阻和三相绕组对地绝缘电阻。对于额定电压在 380 V 以下的电动机,冷态下,测得绝缘电阻大于 1 MΩ 为合格,最低限度不能低于 0.5 MΩ。如果绝缘电阻偏低,应烘干后再次测量。电源电压与绕组连接检查,指检查电动机绕组的连接、电源电压是否与铭牌规定相符,检查该电动机供电电网是否稳定,当电压波动超出额定值 +10% 及 -5% 时,应改善电源条件后投运。转动方向判断是针对反向运转可能损坏设备的单向运转电动机,必须首先判断通电后的可能旋转方向,判断方法是在电动机与生产机械连接之前通电检查,并按正确转向连接电源线,此后不得再更换相序。起动与保护检查内容包括:起动、保护设备的规格是否与电动机配套,接线是否正确,所配熔体规格是否恰当,熔断器安装是否牢固;这些设备和电动机外壳是否妥善接地。电动机安装情况检查包括:电动机端盖螺栓、地脚螺栓、与联轴器连接的螺钉和销子是否牢固;传送带连接是否牢固;松紧度是否适合,联轴器或带轮中心线是否校准;机组的转动是否灵活,有无非正常的摩擦、卡塞、异响等。另外,合闸后应密切监视电动机有无异常,电动机转动后,观察它的噪声、振动情况及相应电压表、电流表指示;若有异常,应停机判明原因并进行处理;排除故障后再重新试车。一般电动机连续起动次数不能过多,电动机空载连续起动次数不能超过3~5次;经长时间工作,处于热状态下的电动机,连续起动不能超过2~3次。注意起动电动机与电源容量的配合。一台变压器同时为几台较大容量的异步电动机供电时,应对各电动机的起动时间和顺序进行安排;不能同时起动,应由容量大到小逐台起动,同时起动的大电流会造成电网电压严重下降,不利于电动机起动,也会影响电网上其他设备的正常供电。

2. 运行巡视

对于运行中的三相异步电动机,应监视电源电压、工作电流、三相平衡度、电动机温升、声响和气味,主要注意如下几点:

(1)监视电动机电源电压。运行中的电动机对电源电压稳定度要求较高,电源电压允许值不得高于额定电压10%,不低于5%;否则,应减轻负载,有条件时要对电源电压进行调整。

(2)监视电动机工作电流。只有在额定负载下运行时,电动机的线电流才接近于铭牌上的额定值,这时电动机工作状态最好,效率最高。运行中的电动机电流不允许长时间超过规定值。

(3)监视电动机的三相平衡度。三相电压不平衡度一般不应大于线间电压的5%;三相电流不平衡度不应大于10%。一般情况下,如果三相电流不平衡而三相电压平衡表明电动机故障或定子绕组存在匝间短路现象。

(4)监视电动机温升。温升是否正常,是判断电动机运行是否正常的重要依据之一。电动机的温升不得超过铭牌额定值。在实际应用中,如果电动机电流过大、三相电压和电流不平衡、电动机出现机械故障等均会导致温升过高,影响其使用寿命。一般绕组的温度可由温度计法或电阻法测得。温度计法测量是将温度计插入吊装环的螺孔内会以测得的温度加 10 ℃代表绕组的温度。测得的温度减去当时的环境温度就是温升。根据电动机的类型及绕组所用绝缘材料的耐热等级,制造厂对绕组和铁芯等都规定了最大允许温度或最大允许温升,一般均按允许的最高温度减去 35 ℃就是允许温升。

(5)监视电动机的声响和气味。运行中的电动机发出较强的绝缘漆气味或焦煳味,一般是因为电动机绕组的温升过高所致,应立即查找原因。通过运行中电动机发出的声响,可以判断出电动机的运行情况。正常时,电动机的声音均匀,没有杂音。如在轴承端出现异常声响,可能是电动机的轴承部位故障;如出现碰擦声,可能是电动机扫膛(即定子与转子相摩擦);如出现"嗡嗡"声,可能是负载过重或三相电流不平衡;如"嗡嗡"声音很大,则可能是电动机缺相运行。

如出现下述异常应立即停止运行电动机：电动机或所生产机械出现严重故障或卡死；电动机或电动机的起动装置出现温升过高、冒烟或起火现象；电动机组出现强烈振动；电动机转速出现急剧下降，甚至停车；电动机出现异常声响或焦煳气味；电动机轴承的温度或温升超过允许值；电动机的电流长时间超过铭牌额定值或在运行中电流猛增；电动机缺相运行；发生人身事故。

3. 定期维护

三相异步电动机定期维护项目包括清擦电动机外壳，除掉运行中积累的污物和油垢；测量电动机绝缘电阻，测后注意重新接好线，拧紧接线头螺钉；检查电动机端盖紧固螺栓是否松动，地脚螺钉是否紧固；检查电动机接地线是否可靠、牢固；检查电动机与负载机械间的传动装置是否良好；拆下轴承盖，检查润滑油是否变脏、干涸，及时加油或换油；检查电动机附属起动和保护设备是否完好、清洁，应擦拭外壳，检查触点是否良好，检测绕组及带电部分对地绝缘电阻是否符合要求。

4. 大修工艺

电动机大修时，拆开电动机要进行以下项目的检查修理：检查电动机各部件有无机械损伤和丢失，若有应修复或配齐；对拆开的电动机和起动设备进行清理，清除所有油泥、污垢；检查绕组的绝缘情况，若已老化或变色、变脆，应注意保护，必要时进行绝缘处理；拆下轴承，浸在柴油或汽油中彻底清洗，检查转动是否灵活，是否磨损和松旷，对不能使用的进行更换，并按要求组装复位；检查定子绕组是否存在故障，绕组有无绝缘性能下降，对地短路、相间短路、开路、接错等故障，针对发现的问题进行修理；检查定、转子铁芯有无磨损和变形，若有变形应做相应修复；检查电动机与生产机械之间的传动装置及附属设备；在进行以上各项修理、检查后，对电动机进行装配、安装，调整各部间隙，按规定进行检查和试车。

四、三相异步电动机的常见故障和排除方法

三相异步电动机常见故障、原因和排除方法见表5-5。

表5-5 三相异步电动机常见故障、原因和排除方法

故障现象	故障原因	处理方法
通电后电动机不能转动，但无异响，也无异味和冒烟	(1) 电源未通（至少两相未通）。 (2) 熔丝熔断（至少两相熔断）。 (3) 过电流继电器调得过小。 (4) 控制设备接线错误	(1) 检查电源回路开关，接线盒处是否有断点，修复。 (2) 检查熔丝型号、熔断原因，换新熔丝。 (3) 调节继电器整定值与电动机配合。 (4) 改正接线
通电后电动机不转，然后熔丝烧断	(1) 缺一相电源，或定子线圈一相反接。 (2) 定子绕组相间短路。 (3) 定子绕组接地。 (4) 定子绕组接线错误。 (5) 熔丝截面过小。 (6) 电源线短路或接地	(1) 检查闸刀是否有一相未合好，或电源回路有一相断线；消除反接故障。 (2) 查出短路点，予以修复。 (3) 消除接地。 (4) 查出误接，予以更正。 (5) 更换熔丝。 (6) 消除接地点

续表

故障现象	故障原因	处理方法
通电后电动机不转,但有嗡嗡声	(1)一相缺电或熔体熔断。 (2)绕组首尾接反或内部接线错误。 (3)负载过重,转子或生产机械卡塞。 (4)电源电压过低。 (5)轴承破碎或卡住	(1)检查缺电原因,更换同规格熔体。 (2)检查并更正错绕组。 (3)减轻负载或排除卡塞故障。 (4)检查电源线是否过细,使线路损失大,或误接△/丫。 (5)修理或更换轴承
起动困难,起动后转速严重低于正常值	(1)电源电压严重偏低。 (2)△/丫接反。 (3)定子绕组局部接错、反。 (4)笼型转子断条。 (5)绕组局部短路(匝间短路)。 (6)负载过重	(1)检查电源,有条件时设法改善。 (2)改正连接。 (3)检查改正错绕组。 (4)修复断条。 (5)排除短路点。 (6)适当减轻负载
三相空载电流过大	(1)绕组重绕时,匝数过量减少。 (2)误将丫接连成△接。 (3)电源电压偏高。 (4)气隙过大或不均匀。 (5)转子装反,定、转子铁芯未对齐。 (6)热拆旧绕组时,造成铁芯质量变差	(1)按规定重绕定子绕组。 (2)检查并更正连接。 (3)检查电源电压。 (4)更换转子并调整气隙。 (5)重新装配转子。 (6)重新计算绕组,适当增加匝数
运行中发出异响	(1)转子扫膛。 (2)扇叶与风扇罩摩擦。 (3)轴承缺油,干摩擦。 (4)轴承损坏或润滑油中有硬粒异物。 (5)定、转子铁芯松动。 (6)电源电压过高或不平衡	(1)检查并排除原因。 (2)调整相对位置或更换修复。 (3)清洁并加足润滑油。 (4)更换轴承,清洗更换润滑油。 (5)修复紧固松动部位。 (6)检查电源,有条件时设法调整

学习任务二 单相异步电动机的拆装与检修

在单相交流电源下工作的电动机称为单相电动机。按其工作原理、结构和转速等的不同可分为三大类,即单相异步电动机、单相同步电动机和单相串励电动机。单相异步电动机是接单相交流电源运行的异步电动机,由于只需要单相交流电,故使用方便、应用广泛,常用于功率不大的家用电器和小型机械中,如家用电器(洗衣机、电冰箱、电风扇)、电动工具(如手电钻)、医用器械、自动化仪表、农用水泵等,如图 5-32 所示。

(a) 洗衣机

(b) 电风扇

(c) 手电钻

图 5-32 单相异步电动机的应用场合

一、单相异步电动机的基本知识

1. 单相异步电动机的特点

单相异步电动机的功率从几瓦到几百瓦,一般只制成小型或微型系列。单相异步电动机使用方便、结构简单、运行可靠、价格低廉、维护方便等,与同容量的三相异步电动机相比,体积稍大,性能稍差,效率和功率因数稍低,由于容量不大,故此缺点并不突出。

2. 单相异步电动机的分类

按起动和运行方式,单相异步电动机分为分相式、电容运转式、电容起动式、电容起动运转式和罩极式。

（1）分相式单相异步电动机包括电容分相式、电感分相式和电阻分相式。结构特点是副绕组匝数多、线径小、电阻大；电动机起动后副绕组被自动切断电源；定子绕组由主绕组和副绕组组成。广泛应用于小型鼓风机、医疗器械、家用搅拌机、粉碎机等。

（2）电容运转式单相异步电动机的结构特点：定子绕组由主绕组（工作绕组）和副绕组（起动绕组）组成；副绕组串联电容器；电动机起动后副绕组继续通电工作。广泛应用于电风扇、洗衣机电动机、冰箱空调压缩机、排风扇等。

（3）电容起动式单相异步电动机的结构特点：定子绕组由主绕组（工作绕组）和副绕组（起动绕组）组成；副绕组串联电容器；电动机起动结束后副绕组不参与运行,自动切断电源。广泛应用于小型水泵、洗衣机电动机、冰箱空调压缩机、其他小型压缩机等。

（4）电容起动运转式单相异步电动机的结构特点：定子绕组由主绕组和副绕组组成；副绕组串联两个互相并联的电容器；起动结束后自动切断一个电容器,留下一个电容器与副绕组串联继续通电工作。广泛应用于家用水泵、小型机床、功率较大的电冰箱和空调电动机等。

（5）罩极式单相异步电动机的结构特点：定子绕组只有一套,但在定子铁芯的磁极上有一部分铁芯套有铜环（又称短路环）,用于电动机的起动。广泛应用于电动玩具、模型、电唱机、电动仪器仪表、小型鼓风机、旧式电风扇等。

3. 单相异步电动机的结构

单相异步电动机的结构与一般小型三相笼型异步电动机相似,由定子、转子、轴承、机壳、端盖等构成,如图 5-33 所示。

图 5-33 单相异步电动机的结构

1) 定子

定子由定子铁芯、定子绕组、机座和起动部分组成。定子铁芯是用 0.35 mm 的硅钢片叠压而成,片与片之间涂有绝缘漆,槽形一般为半闭口槽,如图 5-34(a) 所示。定子铁芯是磁通的通路。定子铁芯槽内一般放置两相绕组,在空间互差 90°电角度,一相是主绕组,又称工作绕组;另一相是副绕组,又称起动绕组,如图 5-34(b) 所示。两相绕组的槽数和绕组匝数可以相同,也可以不同,视不同种类的电动机而定。定子绕组的作用是通入交流电,在定、转子及空气隙中形成旋转磁场。机座一般由铸铁、铸铝或钢板制成,其作用是固定铁芯和支撑端盖。单相异步电动机机座通常有开启式、防护式和封闭式等几种。开启式结构和防护式结构其定子铁芯和绕组外露,由周围空气直接通风冷却,多用于与整机装成一体的场合使用;封闭式结构则是整个电动机均采用密闭方式,电动机内部与外界完全隔绝,以防止外界水滴、灰尘等浸入,电动机内部散发的热量由机座散出,有时为了加强散热,可再加风扇冷却。

(a)定子铁芯

(b)定子绕组

图 5-34　定子

2) 转子

单相异步电动机的转子由转子铁芯、转子绕组、转轴等组成,其作用是导体切割旋转磁场,产生电磁转矩,拖动机械负载工作。转子铁芯与定子铁芯一样用 0.35 mm 硅钢片冲槽后叠压而成,槽内放转子绕组,最后将铁芯及绕组整体压入转轴。单相异步电动机的转子绕组均采用笼型结构,一般均用铝或铝合金压力铸造而成。转轴是用碳钢或合金钢加工而成,轴上压装转子铁芯,两端压上轴承,常用的有滚动轴承和含油滑动轴承。

3) 起动元件

通常起动元件为电容器或电阻器。

4) 起动开关

起动开关的作用是起动时接通起动绕组,起动结束后自动切断起动绕组。常用的有离心式起动开关、电流型起动继电器、PTC 元件。离心开关是常用的起动开关,一般安装在电动机端盖边的转子上。当电动机转子静止或转速较低时,离心开关的触点在弹簧的压力下处于接通位置,起动绕组通电;当电动机转速达到一定值后,离心开关中的重球产生的离心力大于弹簧的弹力,带动触点向右移动,触点断开,起动绕组断电。其结构如图 5-35 所示。

电流型起动继电器主要用于专用电动机上,如冰箱压缩电动机等。由其构成的起动电路如图 5-36 所示,继电器的线圈与电动机的工作绕组串联,电动机起动时工作绕组电流大,继电器动作,触点闭合,接通起动绕组。随着转速上升,工作绕组电流减少,当起动继电器的电磁引力小于继电器铁芯的重力及弹簧反作用力时,继电器复位,触点断开,切断起动绕组。

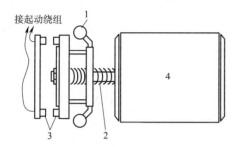
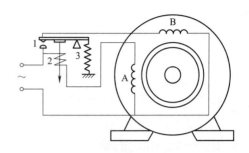

图 5-35　离心式起动开关结构图
1—重球；2—弹簧；3—触点；4—转子

图 5-36　电流型继电器构成的起动电路图
1—触点；2—线圈；3—弹簧；A—工作绕组；B—起动绕组

PTC 元件的特性和接线图如图 5-37 所示。PTC 元件是一种正温度系数的热敏电阻器,从"通"至"断"的过程即为低阻态向高阻态转变的过程,低阻态时阻值为几欧至几十欧,高阻态时阻值为几十千欧。PTC 元件与起动绕组 L_F 串联,如图 5-37(b) 所示,起动时 PTC 元件为低阻态,起动绕组通电,起动后 PTC 元件因通电升温转为高阻态,起动绕组断电。

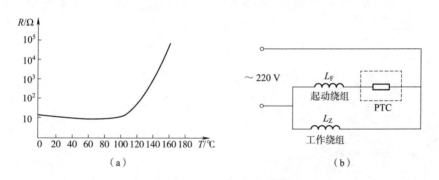

图 5-37　PTC 元件的特性和接线图

4. 主要参数

1) 额定电压

额定电压是指电动机在额定状态下运行时加在定子绕组上的电压,单位为 V。根据国家规定,电源电压在 ±5% 范围内变动时,电动机应能正常工作。电动机使用的电压一般均为标准电压,我国单相异步电动机的标准电压有 12 V、24 V、36 V、42 V、220 V。

2) 频率

加在电动机上的交流电源的频率,单位为 Hz。单相异步电动机的转速与交流电源的频率直接有关,频率高,电动机转速高。因此,电动机应接在规定频率的交流电源上使用。

3) 功率

功率是指单相异步电动机轴上输出的机械功率,单位为 W。铭牌上标出的功率是指电动机在额定电压、额定频率和额定转速下运行时输出的功率,即额定功率。我国常用的单相异步电动机的标准额定功率为 6 W、10 W、16 W、25 W、40 W、60 W、90 W、120 W、180 W、250 W、370 W、550 W 及 750 W。

4) 电流

在额定电压、额定功率和额定转速下运行的电动机,流过定子绕组的电流值,称为额定电流,单位为 A。电动机在长期运行时电流不允许超过该电流值。

5) 转速

电动机在额定状态下运行时的转速,单位为 r/min。每台电动机在额定运行时的实际转速与铭牌规定的额定转速有一定的偏差。

5. 单相异步电动机的起动

当三相异步电动机的定子绕组通入三相对称交流电流时,则产生旋转磁场,在电磁力矩的作用下转子转动;而单相电动机的工作绕组通入单相交流电时,产生的是脉动磁场而不是旋转磁场,脉动磁场并不能使转子自行起动。

脉动磁场的电磁转矩。单相异步电动机工作绕组通入单相交流电时,产生的脉动磁场如图 5-38(a)所示。脉动磁场分解成两个大小相等($B_1 = B_2$)、方向相反的旋转磁场。从图 5-38(b)中看出:在 t_0 时刻 B_1、B_2 处在反向位置,矢量合成为零;在 t_1 时刻 B_1 顺时针旋转 45°,B_2 逆时针旋转 45°,矢量合成为 B_1;在 t_2 时刻 B_1、B_2 又各转了 45°,相位一致,矢量合成为 $2B_1$……

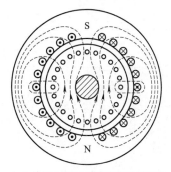
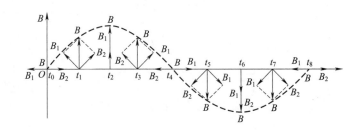

(a) 单相电动机工作绕组的脉动磁场　　　　(b) 脉动磁场的分解

图 5-38　单相脉动磁场及其分解

两个旋转磁场产生的转矩曲线如图 5-39 中的两条虚线所示。转矩曲线 T_1 是顺时针旋转磁场产生的,转矩曲线 T_2 是逆时针旋转磁场产生的。在 $n=0$ 处,两个力矩大小相等、方向相反,合成力矩 $T=0$。在 $n\neq0$ 处,两个力矩大小不相等、方向相反,合成力矩 $T\neq0$。图中合成力矩 T 用实线表示,可以看出,脉动磁场虽然起动力矩为零,但起动后电动机就有运转力矩了,电动机正反向都可转动,旋转方向由起动时所加外力的方向决定。因此,单相异步电动机必须施加初始外力,才能使电动机起动运转。

电容分相式单相异步电动机的起动原理。绕组 W 为工作绕组,ST 为起动绕组,K 为离心开关,电动机起动原理图如图 5-40 所示。起动时开关 K 闭合,使两绕组电流相位差约为 90°,从而产生旋转磁场,电动机转起来;转动正常以后离心开关被甩开,起动绕组被切断,而电动机仍按原方向继续转动。

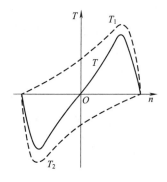

图 5-39 单相异步电动机的转矩特性

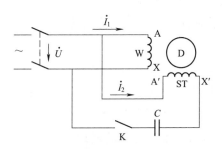

图 5-40 单相异步电动机的起动原理图

6. 单相异步电动机的工作原理

在电动机定子铁芯上彼此间隔 90°嵌放两套绕组，主绕组 L_Z 和副绕组 L_F；在起动绕组 L_F 中串入电容器，再与工作绕组并联在单相交流电源上，经电容器分相后，产生两相相位差 90°的交流电，如图 5-41（a）所示；与三相电流产生旋转磁场一样，相位差 90°的两相电流也能产生如图 5-41（b）所示的旋转磁场。旋转磁场的转速为 $n_s=60f/p$；转子在旋转磁场中受电磁转矩的作用与旋转磁场同向异步转动。

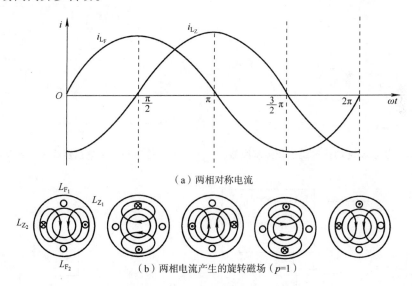

图 5-41 两相旋转磁场的形成示意图

如果单相异步电动机运转后，将起动绕组切断，转子在合成力矩作用下继续旋转，称为电容起动式异步电动机，适用于较轻负载；如果起动绕组一直保持接通状态，称为电容运行式异步电动机，其电磁力矩较大，适用于较重负载。

7. 单相异步电动机的反转

单相异步电动机反转必须要旋转磁场反转，改变旋转磁场方向的方法有：改变绕组接线、改变电容器与绕组的连接。改变绕组接线即把工作绕组或起动绕组中的一组首端和末端对调。

因为异步电动机的转向是从电流相位超前的绕组向电流相位滞后的绕组旋转,如果把其中的一个绕组反接,等于把这个绕组的电流相位改变了180°,假若原来这个绕组是超前90°,则改接后就变成了滞后90°,结果旋转磁场的方向随之改变。如洗衣机电动机需要定时正反转,其控制线路如图5-42所示。这种单相异步电动机的工作绕组与起动绕组需要互换,所以工作绕组、起动绕组的线圈匝数、粗细、占槽数都应相同。当定时器开关处于图5-42中所示位置时,电容器串联L_Z绕组上,I_{L_Z}电流超前于I_{L_F}相位约90°;经过一定时间后,定时器开关将电容器从L_Z绕组切断,串联到L_F绕组,则I_{L_F}电流超前于I_{L_Z}相位约90°,从而实现了电动机的反转。

8. 单相异步电动机的调速

单相异步电动机的调速一般有串电抗器调速、绕组内部抽头调速、晶闸管调速等三种方式。

串电抗器调速。将电抗器与电动机的两个绕组串联,利用电抗器产生电压降,使电动机绕组上的电压下降,从而将电动机转速由额定转速往下调,其控制电路如图5-43所示。这种调速方法简单、操作方便,但只能有级调速,且电抗器上消耗电能。吊扇上常使用这种调速方式,其原理图和接线图如图5-44所示。

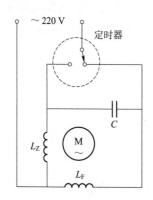

图5-42 洗衣机电动机的正反转控制线路

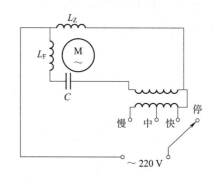

图5-43 串电抗器调速控制电路图

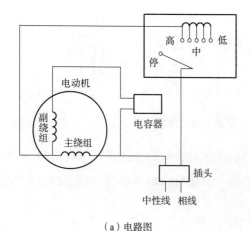

(a)电路图　　　　　　　　　　　　　　(b)接线图

图5-44 吊扇电气原理图和接线图

绕组内部抽头调速。电动机定子铁芯嵌放有工作绕组 L_Z、起动绕组 L_F 和中间绕组 L_L，通过开关改变中间绕组与工作绕组及起动绕组的接法，从而改变电动机内部气隙磁场的大小，使电动机的输出转矩也随之改变，其电路原理如图 5-45 所示。这种调速方法不需电抗器，材料省、耗电少，但绕组嵌线和接线复杂，电动机和调速开关接线较多，且是有级调速。台扇上常使用这种调速方式，其原理图和接线图如图 5-46 所示。

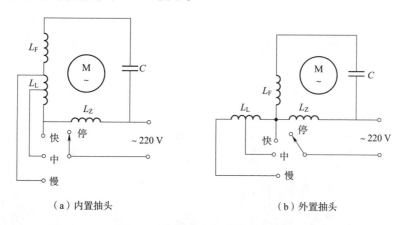

图 5-45　绕组抽头调速控制电路图

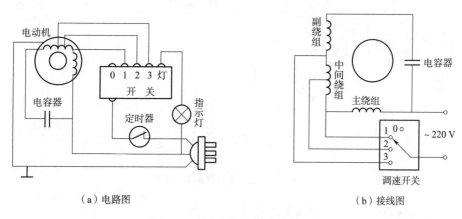

图 5-46　台扇电气原理图和接线图

晶闸管调速。利用改变晶闸管的导通角，来改变加在单相异步电动机 M 上的交流电压，从而调节电动机的转速。其电路原理图如图 5-47 所示。这种调速方法可以做到无级调速，节能效果好，常用于新式电风扇调速。

二、单相异步电动机的拆装

1. 准备工作

工具：验电笔、一字和十字螺丝刀、钢丝钳、尖嘴钳、斜口钳、剥线钳、电工刀等电工工具，三爪拉具、木锤、紫

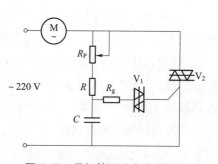

图 5-47　晶闸管调速电路原理图

铜棒等拆装、接线、调试专用工具。

测量仪表:数字万用表、兆欧表。

材料:煤油、汽油、刷子、干布、绝缘黑色胶布、劳保用品等。

2. 拆卸步骤

单相电动机拆卸一般包括拆除引线;拆卸带轮;拆卸风扇罩和风扇;拆卸前、后端盖和抽出转子;拆卸起动元件或起动开关。以转页式电风扇为例,拆卸图如图5-48所示,拆卸步骤为拧去风扇网罩固定螺母,转动并取下网罩;拧去风叶固定螺母,将风叶从主电动机的转轴上取下;拧去装饰件,转动并取下转页衬圈;取出转页轮;拧去风扇前盖与前框架间固定螺钉,取下前盖;取下风扇电动机与前框架间固定螺钉,取下风扇电动机。

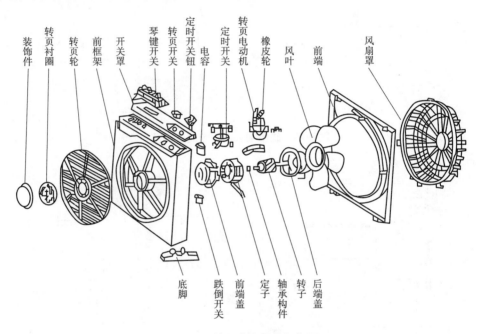

图5-48 转页式电风扇拆卸图

内转子式单相异步电动机的拆卸步骤如下:

(1)松开前、后端盖的固定螺钉,取出后端盖。

(2)用手拿住转子轴,向外拉出转子,如果无法用手拉出时,可用台虎钳夹住转子轴,钳口处须垫上木块,用铜棒或木块均匀敲击定子铁芯或前端盖,使转子与前端盖分离。

(3)取出压入前端盖中的定子铁芯和定子绕组,如果端盖正面有孔,则可敲打定子铁芯拆卸,即把定子铁芯与前端盖组件一起放在一个钢套管上,如图5-49所示,套管内径应稍大于定子铁芯外径,用一根铜棒插入后端盖孔内,与定子铁芯端面接触,但一定不能触及定子绕组,在定子铁芯四周用锤子敲打铜棒,直至定子铁芯及定子绕组脱落前端盖。拆卸时一定要在钢套管下面多垫一些棉纱类软物,以防定子铁芯掉下时损伤定子绕组。

(4)轴承的拆卸。对于内转子式单相异步电动机,其轴承一般为圆柱形滑动轴承,采用轴承拉具拆卸,如图5-50所示。将轴承拉具定位,旋动轴承拉具上部的螺母,拉杆下面的凸台即能把轴承慢慢拉出;对于外转子式单相异步电动机,其轴承一般为滚动轴承,拆卸方法与三相异步电动机轴承拆卸方法相同。

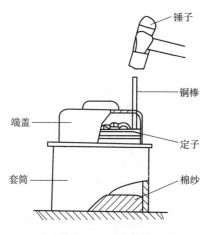

图 5-49　敲打定子铁芯的方法

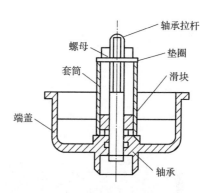

图 5-50　使用拉具拆卸轴承的方法

3. 装配步骤

将各零部件清洗干净并检查完好后,按照与拆卸相反的顺序进行装配。

(1)装配前的准备工作。

(2)安装轴承内盖、轴承和风扇。

(3)安装转子。

(4)装上端盖和轴承盖。

(5)安装带轮。

(6)安装起动部分。

4. 单相异步电动机的测试

1)测试绕组间以及对地绝缘电阻

电动机组装后要进行绝缘测试,用兆欧表测量工作绕组与起动绕组间以及绕组与外壳间的绝缘电阻值,阻值大于 0.5 MΩ 以上为合格,否则必须进行绝缘处理。

2)测量绕组直流电阻

用万用表分别测量工作绕组和起动绕组的直流电阻值,通常为几欧至十几欧左右。起动绕组的阻值大于工作绕组。

3)测试起动元件或起动开关

用万用表欧姆挡测试起动电容器,电容器应有充放电现象。用万用表欧姆挡测试 PTC 元件,冷态时阻值约为几欧。用万用表欧姆挡测试起动开关的触点,应为接通状态。

三、单相异步电动机的检修

1. 常见故障和排除方法

单相异步电动机常见故障、原因和排除方法见表 5-6。

表 5-6　单相异步电动机常见故障、原因和排除方法

故障现象	故障原因	处理方法
电源电压正常，但通电后电动机不转	(1)定子绕组或转子绕组开路。 (2)离心开关触点未闭合。 (3)电容器开路或短路。 (4)轴承卡住。 (5)定子与转子相碰	(1)定子绕组开路可用万用表查找，转子绕组开路用短路测试器查找。 (2)检查离心开关触点、弹簧等，加以调整或修理。 (3)更换电容器。 (4)清洗或更换轴承。 (5)找出原因，对症处理
电动机接通电源后熔丝熔断	(1)定子绕组内部接线错误。 (2)定子绕组有匝间短路或对地短路。 (3)电源电压不正常。 (4)熔丝选择不当	(1)用万用表检查绕组接线。 (2)用短路测试器检查绕组是否有匝间短路，用兆欧表测量绕组对地绝缘电阻。 (3)用万用表测量电源电压。 (4)更换合适的熔丝
电动机温度过高	(1)定子绕组有匝间短路或对地短路。 (2)离心开关触点不断开。 (3)起动绕组与工作绕组接错。 (4)电源电压不正常。 (5)电容器变质或损坏。 (6)定子与转子相碰。 (7)轴承不良	(1)用短路测试器检查绕组是否有匝间短路，用兆欧表测量绕组对地绝缘电阻。 (2)检查离心开关触点、弹簧等，加以调整或修理。 (3)测量两组绕组的直流电阻，电阻大者为起动绕组。 (4)用万用表测量电源电压。 (5)更换电容器。 (6)找出原因，对症处理。 (7)清洗或更换轴承
电动机运行时噪声大或振动过大	(1)定子与转子轻度相碰。 (2)转轴变形或转子不平衡。 (3)轴承故障。 (4)电动机内部有杂物。 (5)电动机装配不良	(1)找出原因，对症处理。 (2)如无法调整，则需更换转子。 (3)清洗或更换轴承。 (4)拆开电动机，清除杂物。 (5)重新装配
电动机外壳带电	(1)定子绕组在槽口处绝缘损坏。 (2)定子绕组端部与端盖相碰。 (3)引出线或接线处绝缘损坏与外壳相碰。 (4)定子绕组槽内绝缘损坏	(1)寻找绝缘损坏处，再用绝缘材料与绝缘漆加强绝缘。 (2)一般需重新嵌线

2. 检修步骤与方法

1）断电检查

检查电动机转子是否能轻松地用手转动，排除机械方面可能出现的故障。用万用表测试电源电压，检查电源开关、熔断器、电源连接线等是否正常。用万用表测试接线盒内绕组的直流电阻，排除绕组断路、短路故障。用兆欧表测试绕组的绝缘电阻，检查绕组间或绕组对地是否存在短路故障。用万用表对电容器进行充放电试验，检查电容器的容量是否减小。用万用表检查起动电路是否存在故障。

2）通电检查

如果电动机通电后出现故障，请参考相关知识对故障现象进行分析，找出故障根源，排除故障，直到电动机能够正常运转。用电流表测试电动机的运行电流，如果电动机空载运行，空载电

流大大低于额定电流;如果电动机负载运行,负载电流应小于额定电流。

学习任务三 直流电动机的拆装与检修

直流电动机与交流电动机相比,具有优良的调速性能和起动性能。直流电动机具有宽广的调速范围,平滑的无级调速特性,可实现频繁的无级快速起动、制动和反转;过载能力大,能承受频繁的冲击负载;能满足自动化生产系统各种特殊运行要求。而直流发电机则能提供无脉动的大功率直流电源,且输出电压可以精确地调节和控制。直流电动机应用广泛,如地铁列车、城市电车、造纸机、电解设备、电镀设备等,还有日常生活中用的电动自行车,如图5-51所示。

(a)地铁列车

(b)城市列车

(c)造纸机

(d)电镀电源

图5-51 直流电动机的应用领域

一、直流电动机的基本知识

1. 直流电动机的基本结构

直流电动机由定子和电枢两大部分组成,其外形如图5-52(a)所示,内部结构如图5-52(b)所示。

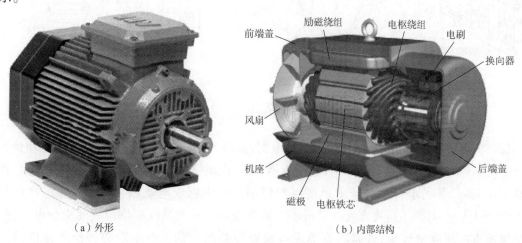

(a)外形   (b)内部结构

图5-52 直流电动机的外形和内部结构

静止的部分称为定子,在机械方面对电动机起着支撑作用,在电磁方面产生磁场和构成磁路,主要部件包括机座、主磁极、换向磁极、电刷、端盖等。机座如图5-53(a)所示,用来安装主磁极和换向磁极等部件和保护电动机,它既是电动机的固定部分,又是电动机磁路的一部分;通常用铸钢件经机械加工而成或采用厚钢板焊接而成。主磁极如图5-53(b)所示,由磁极铁芯和励磁线圈组成,磁极铁芯是用1~1.5 mm的低碳薄钢板冲片叠压铆接而成,励磁线圈是用漆包线或扁铜线绕制而成,用来产生主磁场。换向磁极如图5-53(c)所示,也是由铁芯和换向磁极绕组组成,是位于两个主磁极之间的小磁极,用于产生附加磁场,以改善电动机的换向条件,减小电流换向时电刷与换向片之间的火花。电刷装置如图5-53(d)所示,通过电刷与换向器表面滑动接触,把电源电流引入电枢;电刷用石墨粉压制而成,也称为碳刷。端盖如图5-53(e)所示,包括前端盖和后端盖,用于安装轴承,支撑电枢和固定电刷架,一般为铸钢件。

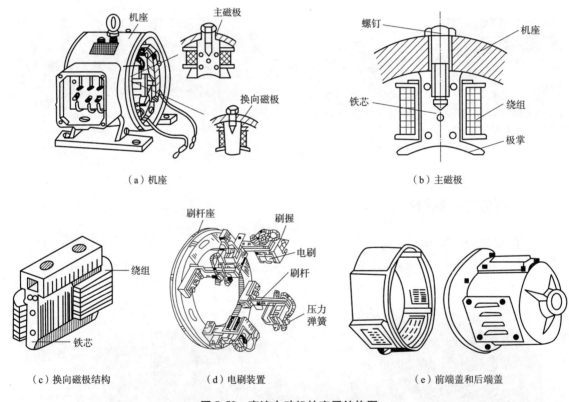

图5-53 直流电动机的定子结构图

旋转的部分称为转子(见图5-54),又称电枢,如图5-55(a)所示,其作用是感应电动势和产生电磁转矩,实现能量转换,主要部件包括电枢铁芯、电枢绕组、换向器、转轴和风扇。电枢铁芯由0.5 mm厚硅钢片叠压而成。电枢绕组的作用是产生感应电动势和电磁转矩。换向器如图5-55(b)所示,其作用是将直流电动机输入的直流电流转换成电枢绕组内的交变电流,进而产生恒定方向的电磁转矩,或是将直流发电机电枢绕组中的交变电动势转换成输出的直流电压。

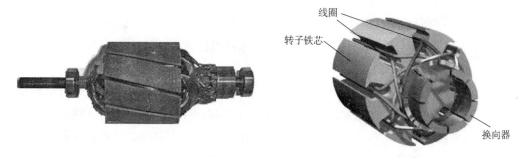

图 5-54 转子外形图

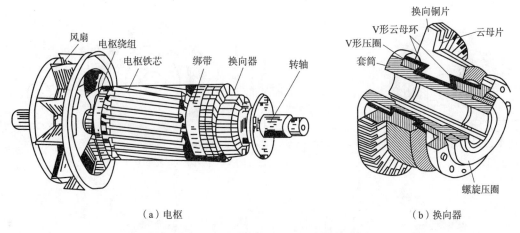

（a）电枢 （b）换向器

图 5-55 直流电动机的电枢与换向器结构图

转子要旋转，定子与转子之间就必须要有气隙，该气隙称为工作气隙，是电动机磁路的重要部分。工作气隙大小对电动机性能有很大影响。

2. 直流电动机的分类

直流电动机按励磁方式分为他励、并励、串励、复励四种，励磁供电原理图如图 5-56 所示。

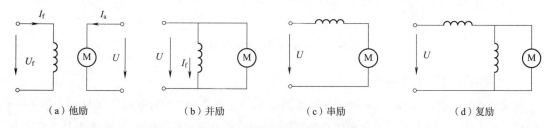

（a）他励 （b）并励 （c）串励 （d）复励

图 5-56 直流电动机的励磁供电原理图

他励直流电动机的实际接线如图 5-57(a) 所示，励磁绕组与电枢绕组在电路上没有直接联系，分别由各自的直流电源 U_f 和 U 单独供电，电压可以相同，也可以不同。励磁电流 $I_f = U_f/R_f$，其大小只与励磁电压和励磁线圈电阻值有关，与电枢电压 U 和电枢电流 I_a 无关。

并励直流电动机的实际接线如图 5-57(b)所示,并励直流电动机的励磁绕组与电枢绕组并联,由同一个直流电源供电。两个绕组电压相等,励磁绕组匝数多,导线截面积较小,励磁电流只占电枢电流的一小部分,一般为额定电流的 5%,电动机额定电流等于电枢电流与励磁电流之和,即 $I = I_a + I_f$。

串励直流电动机的实际接线如图 5-57(c)所示,串励直流电动机的励磁绕组与电枢绕组串联,由同一个直流电源供电,流过励磁绕组和电枢绕组的电流相等,等于电动机额定电流,即 $I = I_f = I_a$,励磁电流数值较大。励磁绕组匝数少,导线截面积较大,励磁绕组上的电压降很小。

复励直流电动机的实际接线如图 5-57(d)所示,复励直流电动机有两个励磁绕组,一个与电枢绕组并联,另一个与电枢绕组串联,由同一个直流电源供电,通常并励绕组起主要作用,串励绕组起辅助作用。另外,并联的励磁绕组也可以由单独的电源供电构成他励方式。

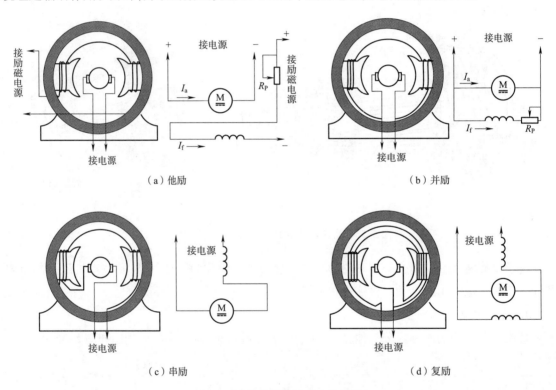

图 5-57 直流电动机实际接线图

3. 直流电动机的工作原理

直流电动机的模型如图 5-58 所示。N、S 为一对静止的磁极,在两磁极之间有一个绕 OO 轴转动的圆柱形铁芯,在铁芯上装有一匝矩形线圈 $abcd$。将电刷 AB 按图示的极性接上直流电源,在图 5-58(a)中,线圈 ab 边的电流方向是从 a 到 b,cd 边的电流方向是从 c 到 d。由左手定则(见图 5-59)可判断出 ab 边受到的电磁力向左,cd 边受到的电磁力向右。这样在电枢上就产生了逆时针方向的电磁转矩,使电枢沿逆时针方向旋转。图 5-58(b)是电枢转过了 180°,此时电刷 A 与换向片 2 连接,流过 cd 边的电流由 d 到 c,受力方向向左。电刷 B 与换向片 1 连接,流过

ab 边的电流由 b 到 a,受力方向向右,其转矩方向不变。可见,电刷和电源固定连接并压在换向片上,换向片和线圈固定连接,无论线圈怎样转动,总是上半边的电流向里,下半边的电流向外,通电线圈在磁场的作用下,形成逆时针转矩,转子就沿着逆时针方向不断旋转,这就是直流电动机的工作原理。实际应用中的直流电动机的电枢绕组并非只由一个线圈构成,磁极也并非一对,而是由多个线圈连接而成,以减少电动机电磁转矩的波动。

一台直流电机既可作为电动机运行,也可作为发电机运行。如果原动机拖动电枢旋转,通过电磁感应,便将机械能转换为电能,供给负载,这就是发电机。如果由外部电源供给电机,由于载流导体在磁场中的作用产生电磁力,建立电磁转矩,拖动负载转动,就是电动机。这就是直流电机的特有特性——可逆性原理。

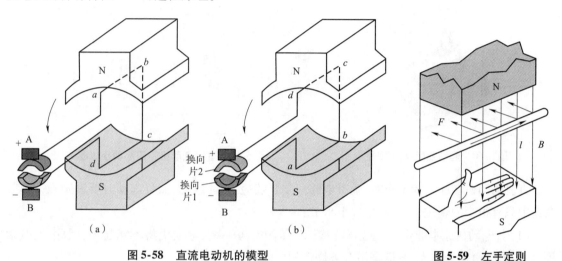

图 5-58 直流电动机的模型　　　　图 5-59 左手定则

电枢绕组中的电流 I_a 与磁通 Φ 相互作用产生电磁转矩,是直流电动机的驱动转矩,电动机带动生产机械运动,实现了直流电能转换为机械能输出。电磁转矩常用下式表示,即

$$T_{em} = C_T \Phi I_a$$

式中,T_{em} 是电磁转矩(N·m);C_T 是电动机结构常数;Φ 是磁极的磁通(Wb);I_a 是电枢电流(A)。

由公式可见,当磁通 Φ 一定时,电磁转矩 T 与电枢电流 I_a 成正比。

4. 直流电动机的起动

起动是电动机接通电源后,由静止状态加速到稳定运行状态的过程。起动转矩 $T_{st} = C_T \Phi I_{st}$,起动瞬间,$n = 0$,$E_a = 0$,若加入额定电压,因启动电流 $I_{st} = U_N/R_a$,电枢电阻 R_a 很小,所以直接起动电流将达到很大的数值,通常可达到 $(10 \sim 20)I_N$。如此巨大的电流会引起直流电网电压下降,影响电网上其他用户;使换向器产生严重的火花,换向恶化甚至烧坏换向器;过大的冲击转矩会损坏电枢绕组和传动机构。因此一般应采取一些措施将起动电流 I_{st} 限制在 $(2 \sim 2.5)I_N$ 以内。

限制起动电流的措施之一是起动时在电枢回路串电阻。起动前,应使励磁回路的调节电阻减小为 0,电枢回路串联起动电阻,起动电阻如图 5-60 所示。在额定电压下的起动电流 $I_{st} = U_N/(R_a + R_{st})$,对于普通直流电动机,一般要求 $I_{st} \leq (1.5 \sim 2)I_N$。为了缩短起动时间,保持电动机在起动过程中的加速不变,应将起动电阻平滑地切除,最后使电动机转速达到运行值。电枢回路串起动变阻器一般用于小容量而电压不超过 220 V 的直流电动机,起动时,以手操作动触点接触静触点,此时所有的电阻均接入电动机电枢电路中,按顺时针方向转动逐级切除电阻,至电阻为零,电动机正常运转。

限制起动电流的另一种措施是降压起动。当直流电源电压可调时,可以采用降压起动方法,接线如图 5-61 所示。随着 n 的升高,E_a 升高,I_a 下降,逐渐提高电源电压,保证起动电流和转矩保持在一定的数值上。这种方法需要专用电源,设备投资较大,起动平稳,起动过程中能量损耗小。

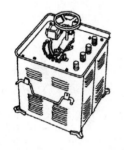

图 5-60　起动变阻器示意图

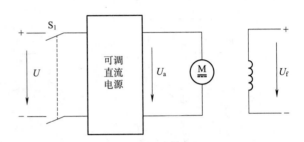

图 5-61　直流电动机降压起动接线图

直流电动机在起动和工作时,励磁电路一定要接通,不能断开,而且起动时要满励磁;否则,磁路中只有很少的剩磁,可能产生以下事故:

(1)若电动机原本静止,由于励磁转矩 $T = K_T \Phi I_a, \Phi \to 0$,电动机将不能起动,因此,反电动势为零,电枢电流会很大,电枢绕组有被烧毁的危险。

(2)如果电动机在有载运行时磁路突然断开,则 $E \downarrow, I_a \uparrow, T$ 和 $\Phi \downarrow$,可能不满足 T_L 的要求,电动机必将减速或停转,使 I_a 更大,也很危险。

(3)如果电动机空载运行,可能造成飞车。$\Phi \downarrow \to E \downarrow \to I_a \uparrow \to T \uparrow \gg T_0 \to n \uparrow$ 飞车。因此,他励直流电动机一定要有失磁保护,一般在励磁绕组加失电压继电器或欠电流继电器,当失电压或欠电流时,自动切断电枢电源 U。

5. 直流电动机的反转

电动机的转动方向由电磁力矩的方向确定。电磁力矩与励磁磁通和电枢电流成正比,改变励磁磁通或者电枢电流的方向即可得到反向电磁力矩,因此改变直流电动机转向的方法有两种:一是改变励磁电流的方向;二是改变电枢电流的方向。

6. 直流电动机的调速

调速是指改变电动机参数,人为地改变电动机的机械特性,从而使负载工作点发生变化,转速随之变化。由直流电动机的转速公式 $n = [U - I_s(R_s + R_a)]/C_e\Phi$ 可知,调速方法有三种:改变电枢电压 U;电枢回路串电阻 R_s;减小磁通 Φ。

改变电源电压调速的机械特性曲线如图 5-62 所示,电压从 U_N 下降至 U_1 再降至 U_2,转速从 n_N 降至 n_1 再降至 n_2,电压越低,稳态转速也越低。降压调速的优点是:

(1) 电源电压能够平衡调节,可以实现无级调速。

(2) 调速前后机械特性的斜率不变,硬度较高,负载变化时,速度稳定性好。

(3) 无论是轻载还是重载,调速范围相同,一般可达 $D=2.5\sim12$。

(4) 电能损耗较小。降压调速的缺点是需要一套电压可连续调节的直流电源。

电枢回路串电阻调速接线图如图 5-63(a)所示,其机械特性曲线如图 5-63(b)所示,设电动机拖动恒转矩负载原运行于 A 点,串电阻后对应的运行点为 B、C 点。恒转矩负载时电枢串电阻调速过程如图 5-63(c)所示。电枢回路串电阻调速的优点是设备简单,操作方便;不足是:

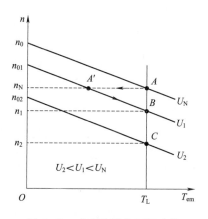

图 5-62 改变电源电压调速的机械特性曲线

(1) 由于电阻只能分段调节,调速的平滑性差。

(2) 低速时特性曲线斜率大,静差率大,转速的相对稳定性差。

(3) 轻载时调速范围小,额定负载时调速范围一般为 $D\leqslant 2$。

(4) 串入电阻越大,损耗越大,效率越低,这种调速方法不太经济。

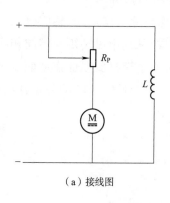

(a) 接线图

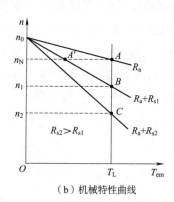

(b) 机械特性曲线

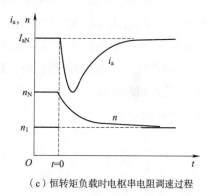

(c) 恒转矩负载时电枢串电阻调速过程

图 5-63 串电阻调速

弱磁调速接线图如图 5-64(a)所示,改变励磁磁通是通过改变励磁电流的大小来实现的,当调节励磁电路的电阻器 R_P 时,励磁电流和磁通也随之改变。改变磁通只能从额定值往下调,调节磁通调速即为弱磁调速,其机械特性曲线如图 5-64(b)所示,其中减弱磁通调速 $\varPhi_2<\varPhi_1<\varPhi_N$。恒转矩负载时的调速过程如图 5-64(c)所示。弱磁调速的优点是由于在电流较小的励磁回路中进行调节,因而控制方便,能量损耗小,设备简单,而且调速平滑性好。虽然弱磁升速后电枢电流增大,电动机的输入功率增大,但由于转速升高,输出功率也增大,电动机的效率基本不变,因此弱磁调速的经济性较好。弱磁调速的缺点是机械特性的斜率变大,特性变软;转速的升高受到电动机换向能力和机械强度的限制,因此升速范围不可能太大,一般 $D\leqslant 2$。

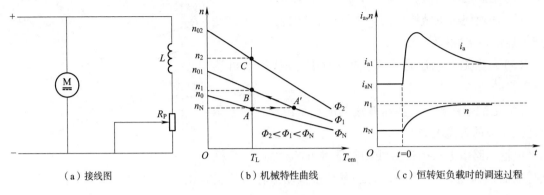

(a) 接线图   (b) 机械特性曲线   (c) 恒转矩负载时的调速过程

图 5-64　弱磁调速

7. 直流电动机的制动

许多生产机械为了提高生产效率和产品质量，要求电动机能够迅速、准确地停车或反向旋转，为达此目的，要对电动机进行制动。电动机有电动和制动两种运行状态。电动状态时，电磁转矩与电动机转速方向相同；制动状态时，电磁转矩与电动机转速方向相反。制动方法有机械制动和电气制动，电气制动有能耗制动、反接制动和回馈制动 3 种方法。

能耗制动接线如图 5-65(a)所示，电动运行时，开关置于上侧连接电源；停车时开关置于下侧连接电阻 R_B，电枢从电源断开，接到电阻上，这时由于惯性电枢仍保持原方向运动，感应电动势方向也不变，电动机变成发电机，电枢电流的方向与感应电动势相同，从而电磁转矩与转向相反，起制动作用。制动运行时，机械特性曲线如图 5-65(b)所示，电机靠生产机械惯性拖动而发电，将生产机械存储的动能转换成电能，并消耗在绕组及电阻上，直到电动机停止转动为止，故称为能耗制动。

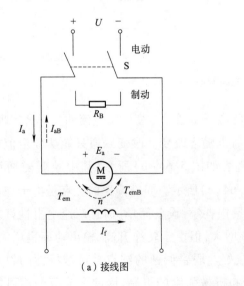
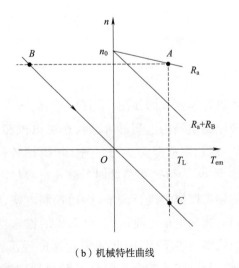

(a) 接线图　　　　　　　　　　　　(b) 机械特性曲线

图 5-65　能耗制动

反接制动分为电源反接制动和倒拉反转反接制动两种情况。电源反接制动接线如图 5-66(a) 所示,电动状态时,开关 S 接上方触点,电动机电枢左侧接电源 +,右侧接电源 −,电磁转矩与电动机转速方向相同;制动状态时,开关 S 接下方触点,电动机经电阻 R_s 反接于电源,电磁转矩与电动机转速方向相反,电枢电流 $I_a = -(U+E_a)/(R_a+R_s)$。制动运行时,机械特性如图 5-66(b) 所示,电阻 R_s 的作用是限制电源反接制动时的电枢电流,防止过大。倒拉反转反接制动运行示意图如图 5-67 所示。图 5-67(a) 为正向电动运行状态,图 5-67(b) 为倒拉反接制动状态,图 5-67(c) 为倒拉反转反接制动机械特性曲线,适用于位能性恒转矩负载。

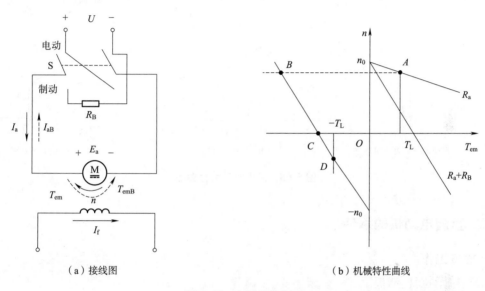

图 5-66 电源反接制动

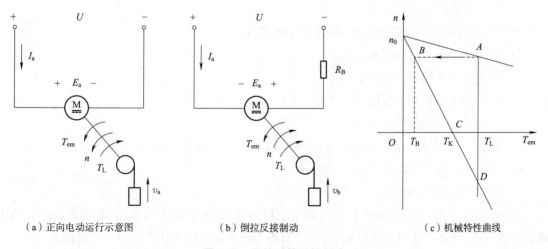

图 5-67 倒拉反转反接制动

回馈制动是指电动机把外力输入的机械能变成电能回馈给电网。运行中的电动机在某种条件下(如电动机拖动的机车恒速下坡或重物匀速下放时),会出现运行转速 n 高于理想空载转

速 n_0 的情况,此时的回馈制动特性曲线如图 5-68(a)所示,此时 $E_a>U$,电枢电流反向,电磁转矩的方向也随之改变:由驱动转矩变成制动转矩。从能量传递方向看,电机处于发电状态。降压调速时产生的回馈制动特性曲线如图 5-68(b)所示,增磁调速时产生的回馈制动特性曲线如图 5-68(c)所示。

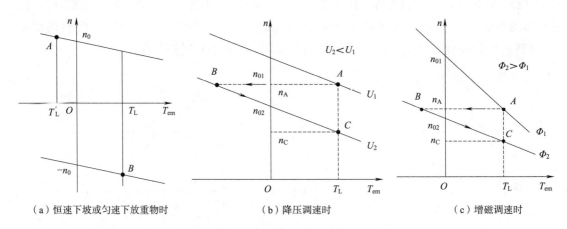

(a) 恒速下坡或匀速下放重物时　　(b) 降压调速时　　(c) 增磁调速时

图 5-68　回馈制动特性曲线

二、直流电动机的拆装

1. 准备工作

工具:轴承拉具、活扳手、铁锤、紫铜棒、木锤等。

电源与测量仪表:直流电源、直流电压表、直流电流表、兆欧表。

2. 直流电动机的拆卸步骤

拆卸后的直流电动机如图 5-69 所示,拆卸步骤如下:

(1)拆去接至电动机的所有连线。

(2)拆除电动机的地脚螺栓。

(3)拆除与电动机相连接的传动装置;拆去轴承端的联轴器或带轮。

(4)拆去换向器端的轴承外盖。

(5)打开换向器端的视察窗,从刷盒中取出电刷,再拆下刷杆上的连接线。

(6)拆下换向器端的端盖,取出刷架。

(7)用纸或布把换向器包好。

(8)小型直流电动机,可先把后端盖固定螺栓松掉,用木锤敲击前轴端,有后端盖螺孔的用螺栓拧入螺孔,使端盖止口与机座脱开,把带有端盖的电动机转子从定子内小心地抽出。

(9)中型直流电动机,可将后端轴承盖拆下,再卸下后端盖。

(10)将电枢小心抽出,防止损伤绕组和换向器。

(11)如发现轴承有异常现象,可将轴承卸下。

(12)电动机电枢、定子的零部件如有损坏,则继续拆卸,并重点检查和修复换向装置。

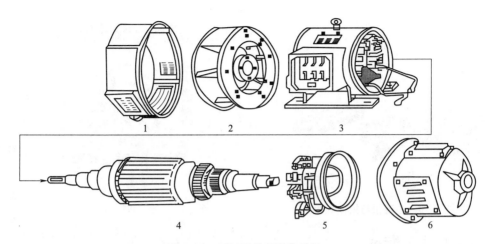

图 5-69 拆卸后的直流电动机

1—前端盖；2—风扇；3—机座；4—电枢；5—电刷装置；6—后端盖

拆卸时注意事项如下：

（1）拆下刷架前，要做好标记，便于安装后调整电刷中性线位置。

（2）抽出电枢时要仔细，不要碰伤换向器及绕组。

（3）取出的电枢必须放在木架或木板上，并用布或纸包好。

（4）拧紧端盖螺栓时，必须按对角线上下左右逐步拧紧。

（5）拆卸前对原有配合位置做一些标记，以便于组装时恢复原状。

（6）测量电阻时应采用蓄电池或直流稳压电源。

（7）绕组中流过的电流一般不应超过绕组额定电流的20%，电流表和电压表的读数应很快地同时读出。

3. 直流电动机的装配步骤

直流电动机的装配步骤如下：

（1）清理零部件。

（2）定子装配。

（3）装轴承内盖及热套轴承。

（4）装刷架于前端盖内。

（5）将带有刷架的端盖装到定子机座上。

（6）将机座立放，机座在上，端盖在下，并将电刷从刷盒中取出来，吊挂在刷架外侧。

（7）将转子吊入定子内，使轴承进入端盖轴承孔。

（8）装端盖及轴承外盖，将电刷放入刷盒内并压好。

（9）装出线盒及接引出线。

（10）装其余零部件，安装好电动机。

直流电动机的主磁极与换向磁极如图5-70所示，磁路如图5-71所示。

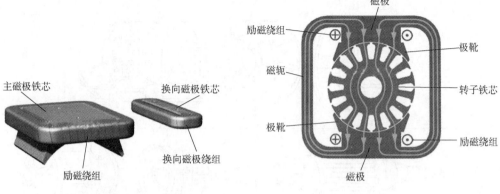

图 5-70 主磁极与换向磁极　　　　图 5-71 磁路

4. 直流电动机的测试

测量绝缘电阻。如图 5-72 所示,将 500 V 兆欧表的一端接在电枢轴(或机壳)上,另一端分别接在电枢绕组、换向片上,以 120 r/min 的转速摇动 1 min 后读出其指针指示的数值,测量电枢绕组对机壳、换向片对地的绝缘电阻。

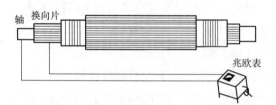

图 5-72 直流电动机绝缘电阻测量接线示意图

测量绕组的直流电阻。小电阻测量接线图如图 5-73(a)所示,图中 R 为被测电阻,R' 为调节电阻。电压表测量得到的电压值不包含电流表上的电压降,故测量较精确。此时被测电阻值 $R = U/I$,由于有一小部分电流被电压表分路,故电流表中读出的电流大于流过被测电阻 R 上的电流,因此测出的电阻值比实际电阻值偏小。精确的电阻值可用 $R = U/(I - U/R_V)$ 计算,式中 R_V 表示电压表的内阻。大电阻测量接线图如图 5-73(b)所示,若考虑电流表内阻 R_A,则被测电阻可用 $R = (U - IR_A)/I$ 计算。

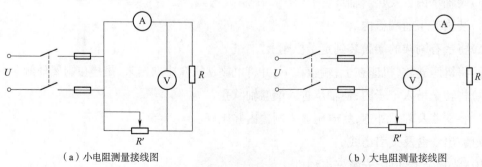

(a)小电阻测量接线图　　　　　　(b)大电阻测量接线图

图 5-73 测量绕组的直流电阻

三、直流电动机的检修

1. 直流电机的维护及检查

直流电动机的主要优点是启动性能和调速性能好,过载能力大,主要应用于对起动和调速性能要求较高的生产机械。直流电动机的主要缺点是存在电流换向问题。由于这个问题的存在,使其结构、生产工艺复杂化,使用有色金属多,价格昂贵,运行可靠性差。直流电动机合理选择是保证直流电动机安全、可靠、经济运行的重要环节。

1)直流电动机使用时的注意事项

(1)直流电动机在直接起动时因起动电流很大,将对电源及电动机本身带来极大的影响。因此,除功率很小的直流电动机可以直接起动外,一般的直流电动机都要采取降压措施来限制起动电流。

(2)当直流电动机采用降压起动时,要掌握好起动过程所需的时间,不能起动过快也不能过慢,并确保起动电流不能过大,一般为额定电流的 1~2 倍。

(3)在电动机起动时应做好相应的停车准备,一旦出现意外情况,应立即切除电源,并查找故障原因。

(4)在直流电动机运行时,应观察电动机转速是否正常,有无噪声、振动等,有无冒烟或发出焦臭味等现象。如有,应立即停机查找原因。

(5)在使用直流电动机时,应经常观察直流电动机的换向情况,包括在运转中、起动过程中换向情况,还应注意直流电动机各部分是否有过热情况。

2)直流电动机的日常维护及检查项目

(1)清理电动机及各部件灰尘及油污,并更换电动机轴承。

(2)检查电动机定子磁极线圈应固定良好,线圈表面无过热、变色痕迹。电动机极间连线应连接紧固、无过热痕迹。

(3)检查直流电动机电枢绕组端部固定箍应完整牢固、无松动迹象。

(4)检查换向器表面氧化膜呈均匀的暗褐色,有光泽和透明感,并完整、无划痕。

(5)检查换向器片间绝缘均应处于良好状态,换向器不圆度公差见表5-7,片间云母无凸出铜换向片的现象;否则,应片间云母绝缘进行拉槽处理;片间云母要求低于换向片 1.0~1.5 mm。

(6)测量各整流子片间直流电阻值,并记录。注意片间阻值的互差应小于10%。

(7)用外径千分尺测量换向器的直径。

(8)检查直流电动机电刷高度,要求大于 12 mm;否则,应更换同型号的新电刷。

(9)目视检查各个电刷镜面,应光亮、光滑、无划痕、无镀铜现象,并且各个电刷磨损程度较一致,电刷与刷握允许空隙见表5-8。

(10)检查刷握内壁应光洁、无斑点,必要时,用竹叶锉外裹金相砂纸进行打磨。

表 5-7 换向器不圆度公差

换向器线速度/(mm/s)	冷态偏摆/mm	热态偏摆/mm
大于 40	0.03	0.05
15~40	0.04	0.06
小于 15	0.05	0.10

表 5-8 电刷与刷握允许空隙

| 项 目 | 轴 向 | 集电环旋转方向 | |
		宽度 5~16 mm 时	宽度 16 mm 以上时
最小空隙/mm	0.2	0.1~0.3	0.15~0.4
最大空隙/mm	0.5	0.3~0.6	0.4~1.0

2. 直流电动机修后的试验

(1) 用 500 V 兆欧表测量绕组对地、电枢绕组对地以及电刷刷架对地的绝缘电阻值,要求绝缘电阻值大于 1.5 MΩ,并记录结果。

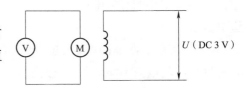

图 5-74 电刷置于几何中性线位置判断接线图

(2) 检查直流电动机电刷是否置于几何中性线上,保持电枢静止,励磁绕组采取他励方式,将毫伏表接在相邻的两组电刷上。交替接通和断开励磁电流,读取毫伏表的读数。如果有读数,表示电刷不在正常刷位上,不断调整刷架的位置,使毫伏表的读数为"0"(或接近零点处)为止。

(3) 用单臂电桥测量定子绕组的直流电阻,并记录结果。

(4) 用双臂电桥测量电枢绕组的直流电阻,并记录结果。电枢绕组的阻值一般为零点几欧到几欧;他励直流电动机的励磁绕组的阻值一般为几百欧;串励直流电动机的励磁绕组的阻值一般为零点几欧到几欧。

3. 直流电动机的常见故障和排除方法

在运行中,直流电动机的故障是多种多样的,产生故障的原因较为复杂,并且互相影响。当直流电动机发生故障时,首先要对电动机的电源、线路、辅助设备和电动机所带负载进行仔细的检查,看它们是否正常,然后再从电动机机械方面加以检查,如检查电刷架是否有松动、电刷接触是否良好、轴承转动是否灵活等。直流电动机常见故障、原因和排除方法见表 5-9。

表 5-9 直流电动机常见故障、原因和排除方法

故障现象	故障原因	处理方法
电动机不能起动	(1) 电网停电。 (2) 熔断器熔断。 (3) 电源线在电动机接线端上接错线。 (4) 负载太大,起动不了	(1) 用万用表或电笔检查,待来电后使用。 (2) 更换熔断器。 (3) 按图样重新接线。 (4) 减小机械负载
电动机过热	(1) 电动机过载。 (2) 定子与转子铁芯相摩擦	(1) 减小机械负载或解决引起过载的机械故障。 (2) 拆开电动机,检查定子磁极固定螺钉是否松动,定子磁极下垫片是否比原来多,重新紧固或调整

项目六 电动机基本控制线路安装

三相异步电动机基本控制线路的安装接线和检测维修是中级维修电工考核的主要内容,同时也是前面各项目知识和技能的综合运用,因此是低压电工学习中的重点和难点。本项目主要介绍常用低压电器、常用电气图形符号、电气识图方法、电动机基本控制线路的安装接线和检测维修。

学习目标

1. 知识目标

(1)熟悉常用低压电器的种类、功能、结构、型号、符号和使用注意事项。

(2)熟悉低压电气原理图的识图方法。

(3)熟悉三相异步电动机基本控制线路的电路组成和工作原理。

2. 能力目标

(1)会根据需要正确选择低压电器的型号及规格。

(2)会使用电工仪表对低压电器进行检测,并判定其好坏。

(3)会安装和拆卸常用低压电器,并能维修简单的故障。

(4)会识读三相异步电动机基本控制线路的电路原理图。

(5)会根据三相异步电动机基本控制线路的电路原理图,使用电工仪表,对电路进行检测,并根据故障现象及检测结果分析故障产生原因,并能及时排除电路故障。

3. 素质目标

(1)逐步形成质量意识、环保意识和安全意识,培养工匠精神。

(2)培养团队合作的工作意识和关心爱护集体的集体观念。

学习任务一 常用低压电器

一、低压电器的基本知识

1. 低压电器的定义及分类

低压电器是用于交流1 200 V、直流1 500 V及以下的电路中起通断、保护、控制或调节作用的电气设备。

低压电器的种类较多,分类方法有多种,就其在电气线路中所处的地位、作用以及所控制的对象可分为低压配电电器、低压控制电器两大类。

1) 低压配电电器

主要用于低压配电系统中。对于这类电器的要求是系统发生故障时,动作准确、工作可靠,在规定的时间内,通过允许的短路电流时,其电动力和热效应不会损坏电器。主要有刀开关、转换开关、断路器和熔断器等。

2) 低压控制电器

主要用于电气传动系统中。对于这类电器的要求是有相应的转换能力,操作频率高,电寿命和机械寿命长,工作可靠。主要有接触器、继电器和主令电器等。

2. 电磁式电器

电磁式电器在低压电器中占有十分重要的地位,在电气控制系统中应用最为普遍。如接触器、自动空气开关(断路器)、电磁式继电器等,但它们的工作原理基本上相同。就其结构而言主要由电磁机构和执行机构所组成。电磁机构按其电源种类可分为交流和直流两种,执行机构则可分为触头系统和灭弧装置两部分。

1) 电磁机构

电磁机构主要由线圈、铁芯和衔铁三部分组成。电磁机构的几种常用结构形式如图6-1所示。图6-1(a)为衔铁沿棱角转动的拍合式铁芯,其铁芯材料由电工硅钢片制成,它广泛用于直流电器中;图6-1(b)为衔铁沿轴转动的拍合式铁芯,铁芯形状有E形和U形两种,其铁芯材料由电工硅钢片叠成,多用于触头容量较大的交流电器中;图6-1(c)为衔铁直线运动的双E形直动式铁芯,它也是由硅钢片叠压而成的,也分为交、直流两大类。

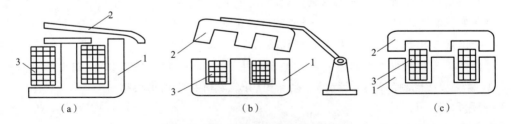

图 6-1 电磁机构的几种常用结构形式

1—铁芯;2—衔铁;3—吸引线圈

电磁机构的工作原理是当线圈中有工作电流通过时,电磁吸力克服弹簧的反作用力,使得衔铁与铁芯闭合,由连接机构带动相应的触头动作。当线圈断电或加在线圈上的电压低于额定值的40%时,电磁吸力不足,衔铁在反作用弹簧力的作用下释放,各触头随之复位。

在交流电流产生的交变磁场中,为避免因磁通过零点造成衔铁的抖动,需要在交流电器铁芯的端部开槽,嵌入一铜短路环,使环内感应电流产生的磁通与环外磁通不同时过零,使电磁吸力 F 总是大于弹簧的反作用力,因而可以消除交流铁芯的抖动和噪声,如图6-2所示。

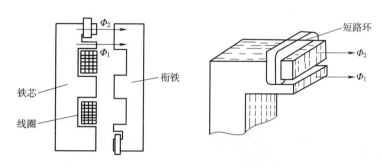

图 6-2　电磁机构中的短路环

2）执行机构

触头系统的功能是通过触头的开合控制电路通、断。触头是成对的,一为动触点,一为静触点。触头一般采用铜材料制成,小容量电器也常采用银质材料制成。触头的结构形式有桥式和指形两种类型,分别如图 6-3(a)、(b)所示。

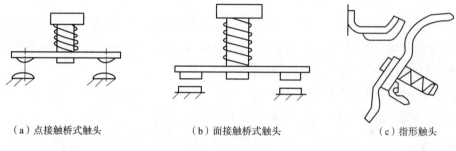

（a）点接触桥式触头　　　　（b）面接触桥式触头　　　　（c）指形触头

图 6-3　触头类型

灭弧系统的功能是加速电弧熄灭。开关电器切断电流电路时,触头间电压大于 10 V,电流超过 80 mA 时,触头间便会产生蓝色的光柱,即电弧。电弧的存在延长了切断故障的时间,所产生的高温可能将触头烧损、电弧附近电气绝缘材料烧坏、形成飞弧造成电源短路事故等。常用的灭弧措施有吹弧、拉弧、长弧割短弧、多断口灭弧、利用介质灭弧和改善触头表面材料等。

二、交流接触器

接触器是用于频繁接通或分断主电路和大容量控制电路非手动操作的机械开关电器,主要控制对象是电动机,也可用于控制其他电力负载,如电热器、照明、电焊机、电容器组等。按触头控制电流的种类可分为交流接触器和直流接触器,交流接触器的外形如图 6-4 所示。

1. 交流接触器的主要结构及工作原理

交流接触器由电磁系统、触头系统和灭弧装置组成,如图 6-5 所示。电磁系统包括可动铁芯（衔铁）、静铁芯、电磁线圈、复位弹簧(反作用弹簧)。触头系统包括主触点、动合（常开）辅助触点和动断（常闭）辅助触点。主触点是用来接通、切断主电路的大电流。辅助触点用来接通、切断控制电路的小电流。灭弧装置的作用是迅速切断主触点断开时产生的电弧,使主触点免于烧毛、熔焊。

图6-4 交流接触器的外形

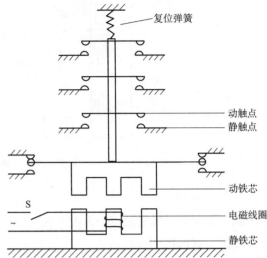

图6-5 交流接触器的主要结构及工作原理

当交流接触器的线圈通电后,线圈电流产生磁场,使静铁芯产生电磁吸力,将衔铁(动铁芯)吸合。衔铁带动触头动作,使动断触点断开,动合触点闭合。当线圈断电时,电磁吸力消失,衔铁在复位弹簧力的作用下释放,各触头随之复位。

2. 交流接触器的图形符号和文字符号

交流接触器的图形符号和文字符号如图6-6所示。

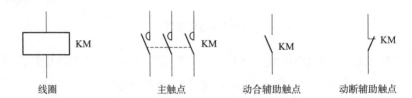

图6-6 交流接触器的图形符号和文字符号

3. 交流接触器的选用

交流接触器的选用时,应考虑接触器的类型、主触点的额定电压、主触点的额定电流、吸引线圈的工作电压和辅助触点容量。

(1)接触器的类型根据电路中负载电流的种类选择。交流负载应选用交流接触器,直流负载应选用直流接触器;如果控制系统中主要是交流负载,直流电动机或直流负载的容量又较小,也可选用交流接触器来控制,但触点的额定电流应选得大一些。

(2)接触器主触点的额定电压应等于或大于负载的额定电压。

(3)主触点的额定电流应大于负载电路的额定电流,如果控制对象为电动机,计算电流时应考虑电动机的最大功率;如果电动机频繁起动、正反转运行或反接制动,还应将接触器的主触点额定电流降低使用,一般可降低一个等级。

(4)在吸引线圈工作电压和辅助触点容量方面,如果控制线路比较简单,所用接触器的数量较少,则交流接触器线圈的额定电压一般直接选用380 V或者220 V;如果控制线路比较复杂,使用的电器又比较多,为了安全,线圈的额定电压可选低一些,这时需要加一个控制变压器;另外,辅助触点数量和容量还应满足控制线路的需要。

4. 交流接触器安装使用要求

(1)交流接触器不能安装在潮湿、高温、有易燃易爆气体、有腐蚀性气体及有导电尘埃的场所,也不能在无防护措施的情况下安装在室外。

(2)交流接触器控制电动机或线路时应与过电流保护电器相配合,因为接触器本身无过电流保护性能。当带有动断触点的接触器与磁力起动器闭合时,应先断开动断触点,后接通主触点;当断开时应先断开主触点,后接通动断触点,且三相主触点的动作应一致,其误差应符合产品技术文件的要求。

(3)低压接触器和电动机起动器安装完毕后,应进行检查:接线应正确;在主触点不带电的情况下,起动线圈间断通电,主触点动作正常,衔铁吸合后应无异常响声。

5. 交流接触器的巡视检查与维护

(1)负荷电流应不大于接触器的额定电流。

(2)有分、合信号指示时,其指示应与接触器实际状态相符合。

(3)周围环境应无不利于运行的情况。

(4)接触器与导线的连接点无过热变色。

(5)灭弧罩应无松动、缺损,罩内无嗞火声。

(6)辅助触点无烧蚀或打火现象。

(7)铁芯应吸合良好,短路环不应脱出或开裂,铁芯应无过大噪声。

(8)吸引线圈无异味。

(9)大容量交流接触器的绝缘连杆无裂损。

三、继电器

电磁式继电器是一种自动电器,它的功能是根据外界输入信号,在电气输出电路中,控制电路接通或断开。它主要用来反映各种控制信号,其触点一般接在控制电路中。电磁式继电器是应用最早、最多的一种形式。其结构及工作原理与接触器大体相同,在结构上由电磁机构和触点系统等组成。

接触器只有在一定的电压信号下动作,而电磁式继电器可以对各种输入量变化做出反应,如电流、电压、时间、速度等;另外,继电器是用于切断小电流的控制和保护回路的,而接触器是用来控制大电流电路,因此接触器有灭弧装置,而电磁式继电器没有灭弧装置。以上是接触器与电磁式继电器的区别。

电磁式继电器按所反映的参数可分为电流继电器、电压继电器、中间继电器、时间继电器、速度继电器等。

1. 电流继电器

电流继电器是用于电气设备或电动机避免发生过电流或欠电流的一种保护电气元件。电流继电器的线圈串联于电路中,感测主电路的工作电流。电流继电器有过电流继电器和欠电流继电器两种,外形如图 6-7 所示,图形符号和文字符号分别如图 6-8(a)、(b)所示。

图 6-7　过电流继电器和欠电流继电器

（a）过电流继电器　　　　　　　　　　　　（b）欠电流继电器

图 6-8　电流继电器的图形符号和文字符号

1) 过电流继电器

过电流继电器的过电流参数整定值一般为被保护线路额定电流的 1.1~1.4 倍。当被保护线路中的电流正常时(电流在额定值附近时),衔铁不动作。当被保护线路中的电流高于额定值,达到过电流继电器的整定值时,衔铁吸合,触点系统动作,动合和动断触点输出相应的控制信号,从而达到保护的作用。

2) 欠电流继电器

欠电流继电器的欠电流参数整定值一般吸合电流为被保护线路额定电流的 0.3%~0.65%,释放电流为额定电流的 10%~20%。当被保护线路中的电流正常时(电流在额定值附近时),衔铁吸合。只有当被保护线路中的电流降低到释放电流整定值时,衔铁释放,动合和动断触点复位,从而达到保护的作用。

2. 电压继电器

电压继电器是用于电气设备或电动机免于过电压和欠电压的一种保护电气元件。将电压继电器线圈并联接入主电路中,感测主电路的线路电压。电压继电器有过电压继电器和欠电压继电器两种,外形如图 6-9 所示,图形符号和文字符号分别如图 6-10(a)、(b)所示。

1) 过电压继电器

过电压继电器的过电压参数整定值一般为被保护线路额定电压的 1.05~1.2 倍。当被保护线路电压正常时,衔铁不动作;当被保护线路电压高于额定值,达到过电压继电器的整定值时,衔铁吸合,触点系统动作,动合和动断触点输出相应的控制信号,从而达到保护的作用。

图 6-9 过电压继电器和欠电压继电器

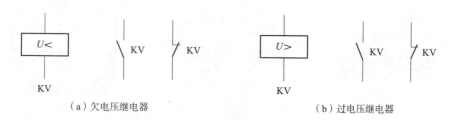

(a) 欠电压继电器　　　　　　　　　(b) 过电压继电器

图 6-10 电压继电器的图形符号和文字符号

2) 欠电压继电器

欠电压继电器的欠电压参数整定值一般为被保护线路额定电压的 0.1~0.6 倍。当被保护线路电压正常时,衔铁吸合;当被保护线路电压降至欠电压继电器的释放整定值时,衔铁释放,动合和动断触点复位,从而达到保护的作用。

3. 中间继电器

中间继电器实质上为电压继电器,结构和工作原理与接触器相同。所不同的是,中间继电器的触点对数较多,并且没有主、辅之分,各对触点允许通过的电流大小是相同的,其额定电流也较大(约为 5 A)。

中间继电器在电路中主要起扩展触点的数量与转换作用,用它可实现多路控制,并可将小功率的控制信号转换为大容量的触点动作,其外形如图 6-11 所示,图形符号和文字符号如图 6-12 所示。

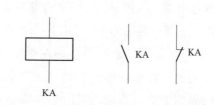

图 6-11 中间继电器　　　图 6-12 中间继电器的图形符号和文字符号

4. 时间继电器

时间继电器是在电路中起着控制动作时间的继电器,当它的感测系统接收到输入信号以后,需经过一定时间,它的执行系统才会动作并输出信号,进而控制电路。它被广泛用来控制生产过程中按时间原则制定的工艺程序,如笼型电动机星-角降压起动控制等。

1) 时间继电器的分类

时间继电器的种类很多,常用的时间继电器主要有空气阻尼式时间继电器、晶体管式时间继电器、数字式时间继电器、电磁式时间继电器等几种,如图6-13所示。

　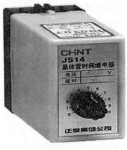　

(a) 空气阻尼式 (JS7系列) 　　(b) 晶体管式 (JS14) 　　(c) 数字式 (JSS14)

图6-13 时间继电器

电磁式时间继电器是利用电磁原理制成的。它的特点是结构简单、寿命长,允许操作频率高,但延时时间短,多应用在直流控制回路中。

空气阻尼式时间继电器是用空气阻尼的原理来获得延时动作的。如图6-14(a)所示,当通电延时型时间继电器电磁线圈1通电后,将衔铁吸下,于是顶杆6与衔铁间出现一个空隙,当与顶杆相连的活塞在弹簧7作用下由上向下移动时,在橡皮膜上方气室的空气逐渐稀薄,形成负压,因此活塞杆只能缓慢地向下移动,在降到一定位置时,杠杆15使延时触点14动作(动合触点闭合,动断触点断开)。线圈断电时,弹簧使衔铁和活塞等复位,空气经橡皮膜与顶杆6之间推开的气隙迅速排出,触点瞬时复位。

断电延时型时间继电器与通电延时型时间继电器的原理与结构均相同,只是将其电磁机构翻转180°安装,即为断电延时型,如图6-14(b)所示。

空气阻尼式时间继电器的特点是工作可靠、延时范围较宽,可达0.4~180 s,是交流控制电路中常用的时间继电器。

晶体管式时间继电器是利用RC电路中的电容电压不能跃变,只能按指数规律逐渐变化的原理来获得延时的。它具有延时范围广(0.1~3 600 s)、精度高(一般为5%左右)、体积小、耐冲击震动、调节方便和寿命长等特点,其应用在逐步推广。

2) 时间继电器的图形符号和文字符号

时间继电器按延时方式分为通电延时型和断电延时型,其图形符号和文字符号如图6-15所示。

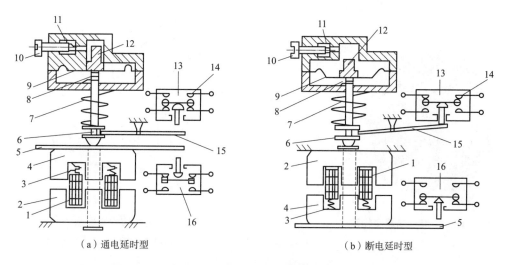

(a) 通电延时型　　　　　　　　　(b) 断电延时型

图 6-14　空气阻尼式 JS7-A 型时间继电器的动作原理图

1—线圈；2—静铁芯；3、7—弹簧；4—衔铁；5—推板；6—顶杆；8—弹簧；9—橡皮膜；
10—螺钉；11—进气孔；12—活塞；13、16—微动开关；14—延时触点；15—杠杆

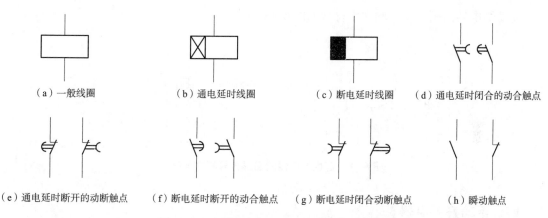

(a) 一般线圈　　　(b) 通电延时线圈　　　(c) 断电延时线圈　　　(d) 通电延时闭合的动合触点

(e) 通电延时断开的动断触点　(f) 断电延时断开的动合触点　(g) 断电延时闭合动断触点　(h) 瞬动触点

图 6-15　时间继电器的图形符号和文字符号

5. 速度继电器

速度继电器是用来反映转速与转向变化的继电器,它通常与接触器配合,可以按照被控电动机转速的大小使控制电路接通或断开,实现对电动机的反接制动。速度继电器实物图如图 6-16 所示。

从结构上看,速度继电器主要由转子、转轴、定子和触点等部分组成,如图 6-17 所示。转子是一个圆柱形永久磁铁,定子是一个笼形空心圆环,并装有笼形绕组。

速度继电器的工作原理是:速度继电器的转轴和电动机的轴通过联轴器相连,当电动机转动时,速度继电器的转子随之转动,定子内的绕组便切割磁力线,产生感应电流,此电流与转子磁场作用产生转矩,使定子随转子方向开始转动。电动机转速达到某一值时,产生的转矩能使定子转到一定角度使摆杆推动动断触点动作;当电动机转速低于某一值或停转时,定子产生的转矩会减小或消失,触点在弹簧的作用下复位。

图 6-16 速度继电器实物图

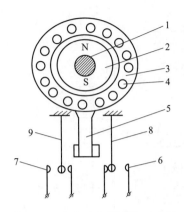

图 6-17 速度继电器结构原理图

1—转轴；2—转子；3—定子；4—绕组；5—摆杆；6、7—静触点；8、9—簧片

速度继电器有两组触点(每组各有一对动合触点和动断触点)，可分别控制电动机正、反转的反接制动。通常当速度继电器转轴的转速达到 120 r/min 时，触点即动作；当转速低于 100 r/min 时，触点即复位。

速度继电器的图形符号和文字符号如图 6-18 所示。

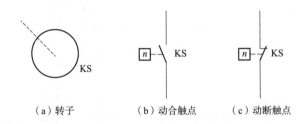

（a）转子　　　（b）动合触点　　（c）动断触点

图 6-18 速度继电器的图形符号和文字符号

四、手动开关电器

1. 刀开关

刀开关主要用于配电设备的控制电路中，可不频繁地接通和切断电路，也作电源隔离开关。刀开关实物图如图 6-19 所示。

刀开关按极数划分有单极、双极和三极；按刀开关转换方向分为单掷、双掷两种，见表 6-1；按操作方式分有直接手柄操作式、杠杆操作机构式和电动操作机构式；按灭弧结构分有带有灭弧罩和不带有灭弧罩两种；按有无熔断器分为带熔断器和不带熔断器两种。刀开关的图形符号与文字符号如图 6-20 所示。

刀开关的安装与使用应注意以下几点：

（1）开关应垂直安装。（非旋转操作机构的）在合闸状态时，操作手柄应向上。

图 6-19 刀开关实物图

(2)开关的上接线桩接进线电源,下接线桩接负荷线路。

(3)连接闸刀开关接线桩头的导线,不能在桩头外露出线芯,否则易造成触电事故。

(4)刀开关应安装在防潮、防尘、防震的地方。平时做好防尘、除尘工作,以免刀开关绝缘能力降低而引起短路。

(5)刀开关不应带负荷合闸或拉闸。用户一定要带负荷操作刀闸时,人体应尽量远离刀闸,用户的动作必须迅速,避免拉合刀闸时产生的电弧灼伤人体。

(6)可动触点与固定触点的接触应良好;大电流的触点或刀片宜涂电力复合脂。

(7)双投刀开关在分断位置时,可动触点应可靠定位,不得自行合闸。

(8)带熔断器或灭弧装置的开关接线完毕后,检查熔断器应无损伤,灭弧栅应完好且固定可靠;电弧通道应畅通,三相触点动作应一致。

表6-1 刀开关符号对照表

国家标准电路图形符号	旧标准电路图形符号	开关名称
 		手动单刀单掷开关
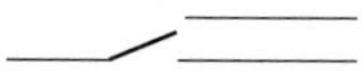	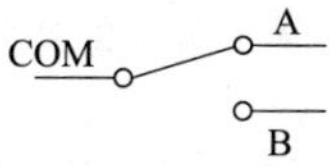	单刀双掷开关
	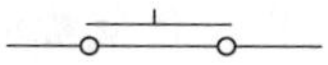 	轻触开关(非锁存)
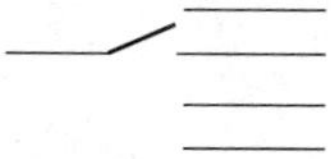	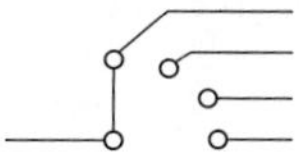	单刀多掷开关(以四掷为例)
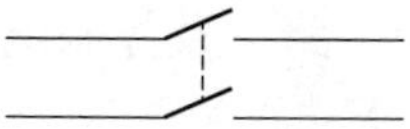	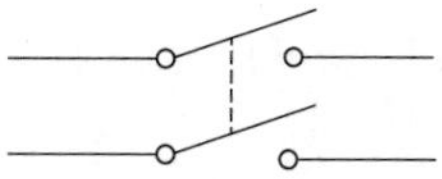	双刀单掷开关
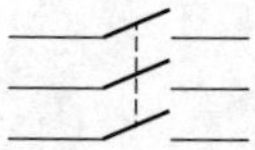	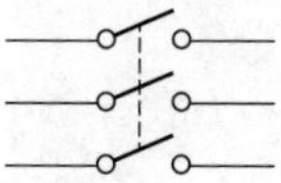	多刀单掷开关(以三刀为例)
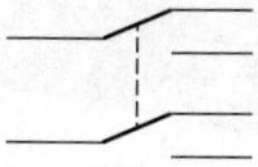	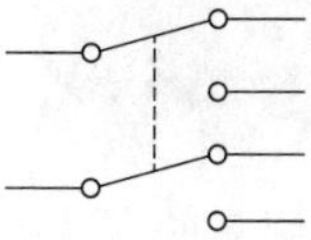	双刀双掷开关

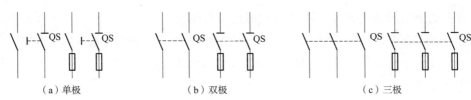

(a) 单极　　　　　　　(b) 双极　　　　　　　(c) 三极

图 6-20　刀开关的图形符号与文字符号

2. 低压隔离开关

隔离开关主要用于有高短路电流的配电电路和电动机电路中,作为手动不频繁操作的开关、隔离开关和应急开关。当配有熔断器时,可作电路保护之用。隔离开关的外形和符号如图 6-21 所示。

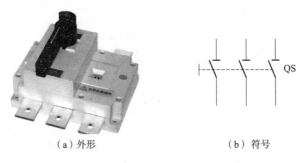

(a) 外形　　　　　　　　　(b) 符号

图 6-21　隔离开关的外形和符号

低压隔离开关的主要作用是检修时实现电器设备与电源隔离,使所检修的设备与电源有明显的断开点,以保证检修人员的安全。隔离开关没有专门的灭弧装置,不能切断负荷电流和短路电流,所以必须在断路器断开电路的情况下才可以操作隔离开关。

特别应注意的是:低压隔离开关与低压断路器串联安装的线路中,送电时应先合上电源侧隔离开关,再合上负荷侧隔离开关,最后接通断路器。停电时顺序相反。

五、低压断路器

低压断路器又称自动空气开关或空气开关,是一种既有手动开关作用又能自动进行欠电压、过电流、过载和短路保护的电器,同时也可用于不频繁地接通和分断电路以及控制电动机。低压断路器的外形如图 6-22 所示。

(a) 微型断路器　　　　　　(b) 塑壳式断路器　　　　　　(c) 万能式断路器

图 6-22　低压断路器的外形

低压断路器的图形符号和文字符号如图 6-23 所示。

1. 低压断路器的分类及结构

低压断路器按使用类别分为选择型和非选择型。选择型低压断路器保护装置的参数可调,非选择型低压断路器保护装置的参数不可调。按灭弧介质分为空气式和真空式,目前国产多为空气式断路器。按结构分为塑料外壳式和框架式,小容量断路器多采用塑料外壳式结构,大容量断路器多采用框架式结构。按用途分为导线保护用、配电用、电动机保护用和漏电保护用。

图 6-23 低压断路器的图形符号和文字符号

低压断路器由触头装置、灭弧装置、脱扣装置、传动装置和保护装置五部分组成。低压断路器中脱扣器的分类与作用如下:

(1) 热脱扣器:亦称过载脱扣器,与被保护电路串联,起过载保护作用。

(2) 电磁脱扣器:亦称短路脱扣器,与被保护电路串联,起短路保护作用。

(3) 分励脱扣器:可用于断路器远距离分闸,其线圈电压应与电路控制电压一致。

(4) 失电压脱扣器:亦称欠电压脱扣器,起欠电压和失电压保护作用,其线圈电压应与主电路电源电压一致。有的失电压脱扣器还具有延时释放功能,主要防止因冲击负荷及电网电压瞬间波动而造成断路器无故障跳闸,延时时间一般为 1~3 s。以上几种脱扣器由设计者根据使用需求选配。

2. 低压断路器的工作原理

低压断路器的工作原理如图 6-24 所示。低压断路器的过电流脱扣器的线圈和热脱扣器的热元件与主电路串联,失电压脱扣器的线圈与电路并联。当电路发生短路和严重过载时,过过流脱扣器的衔铁被吸合,使自由脱扣机构动作,当电路发生过载时,热脱扣器的热元件产生的热量增加,温度上升,使双金属片向上弯曲变形,从而推动自由脱扣机构动作。当电路出现欠电压

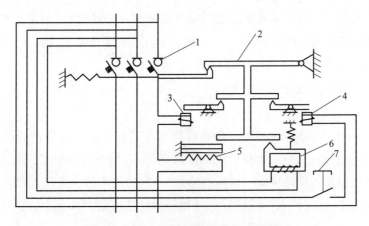

图 6-24 塑壳式低压断路器脱扣原理图

1—主触头;2—自由脱扣器;3—过电流脱扣器;4—分励脱扣器;
5—热脱扣器;6—失电压脱扣器;7—分闸按钮

时,欠电压脱扣器的衔铁释放,也使自由脱扣机构动作。自由脱扣机构动作时,断路器自由脱扣,使开关自动跳闸,主触头断开,分断电路,达到非正常工作情况下保护电路和电气设备的目的。

3. 低压断路器的安全使用

断路器由于使用不当或选用不当造成的事故经常发生。特别是 DZ 型断路器,大部分不带失电压脱扣器,当故障停电时不能使其控制的电气设备和线路与电源脱离,若供电线路突然恢复供电,所带负荷立即投入运行。如果是不允许自行起动的设备,一旦其自行起动,就有可能造成设备损坏或造成较大的经济损失,甚至可能造成人身伤亡。

4. 低压断路器的选用

1)额定电压和额定电流应不小于电路正常工作电压和工作电流

用于控制照明电路时,电磁脱扣器的瞬时脱扣整定电流通常应为负载电流的 6 倍;用于电动机保护时,塑壳式断路器电磁脱扣器的瞬时脱扣整定电流应为电动机起动电流的 1.7 倍,框架式断路器的整定电流应为电动机起动电流的 1.35 倍;用于分断或接通电路时,其额定电流和热脱扣器整定电流均应等于或大于电路中负载的额定电流之和;选用断路器作为多台电动机短路保护时,电磁脱扣器整定电流为容量最大的一台电动机起动电流的 1.3 倍加上其余电动机额定电流之和。

2)热脱扣器的整定电流与所控制负载的额定电流一致

热脱扣器的整定电流必须与所控制负载的额定电流一致;否则,应进行人工调节。

3)满足上下级开关的选择性要求

选用低压断路器时,在类型、等级、规格等方面要配合上、下级开关的保护特性,不允许因本级保护失灵导致越级跳闸,扩大停电范围。

5. 低压断路器使用中的注意事项

低压断路器在选用时断路器的额定电压应与线路额定电压相符,其额定电流和热脱扣器的整定电流应满足最大负荷电流的需要。而配电保护型的瞬动整定电流为 $10I_N$(I_N 为额定电流,误差为 ±20%),I_N 为 400 A 及以上规格,可以在 $5I_N$ 和 $10I_N$ 中任选一种(由用户提出,制造厂整定);电动机保护型的瞬动整定电流为 $12I_N$。低压断路器的最大分断电流远大于其额定电流。

断路器的选用应适合线路工作特点,如果选择不当就有可能使设备或线路无法正常工作。比如为满足整个系统的维护、测试和检修时的隔离需要,有双电源切换要求的系统必须选用四极断路器;为保证所保护的回路中的一切带电导线断开,对具有剩余电流动作保护要求的回路,均应选用带 N 极(如四极)的剩余电流动作保护断路器;住宅每户单相总开关应选用带 N 极的二极开关。

线路中有停电后恢复供电时禁止自行起动的设备,则应选用带有欠电压脱扣器的断路器控制或采用交流接触器与之配合使用。

上级低压断路器的保护特性与下级低压断路器的保护特性应有选择性地配合。

6. 断路器在使用中应定期检查与维护的内容

（1）定期检查各部位的完整性和清洁程度，特别是触头表面应擦去污垢，被电弧烧伤严重视触头材料处理或磨平打光。一般磨损厚度超过 1 mm 应更换。

（2）检查触头弹簧的压力有无过热失效现象，各传动部件动作是否灵活、可靠、无锈蚀和松动现象。各机构的摩擦部分应定期涂注润滑油。

（3）故障掉闸后，按厂家说明书要求检修触头及灭弧栅，清除内部灰尘和金属细末及炭质。

（4）故障掉闸后恢复送电时，手动操作的塑料外壳式低压断路器往往需将开关柄向下扳至"再扣"位置后，方能再次合闸。

（5）断路器的分励脱扣器及失电压脱扣器，在线路电压为额定值 75%～110% 时，应能可靠工作；当电压低于额定值的 35% 时，失电压脱扣器应能可靠释放。

（6）断路器每次检查完毕后应做 3～5 次操作试验，确认其工作正常。

（7）如断路器缺少部件或部件损坏，不得继续使用，以免在断开时无法有效地熄灭电弧而使事故扩大。

（8）带有位置指示线路，断路器的工作位置状态应与指示信号显示相符。

六、主令电器

主令电器是自动控制系统中发送控制指令的电器，属于非自动切换电器。常用的低压主令电器包括按钮、组合开关（转换开关）和行程开关等。

1. 按钮

按钮主要用于远距离操作接触器、继电器等电磁装置，以自动切换控制电路的手动操作电器。

按钮由按钮、复位弹簧、触点和外壳组成。按用途和触点的结构不同分为动合按钮、动断按钮和复合按钮。

（1）动合按钮也就是常开按钮，常用于起动电动机，也称起动按钮。

（2）动断按钮也就是常闭按钮，常用于控制电动机停车，也称停车按钮。

（3）复合按钮触点对数有 1 动合 1 动断、2 动合 2 动断以及 6 动合 6 动断；复合按钮常用于联锁控制电路中。

如图 6-25 所示。操作时，当按钮帽的动触点向下运动时，先与动断静触点分开，再与动合静触点闭合；当操作人员将手指放开后，在复位弹簧的作用下，动触点向上运动，恢复初始位置。在复位的过程中，先是动合触点分断，然后是动断触点闭合。

实际应用中，按钮的颜色规定如下："起动"按钮是绿色；"停止"和"急停"按钮是红色；"起动"与"停止"交替动作按钮是黑色、白色或灰色，不得用红色和绿色；"点动"按钮是黑色；"复位"（如保护继电器的复位按钮）是蓝色，当复位按钮还有停止作用时，应是红色。

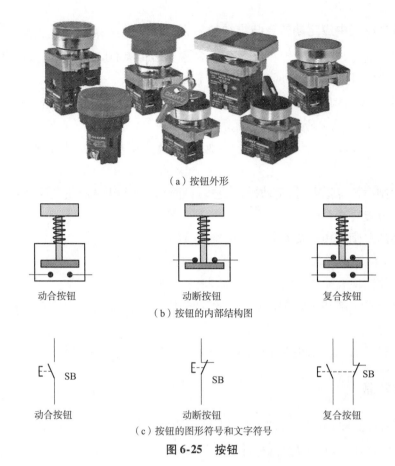

(a)按钮外形

(b)按钮的内部结构图

(c)按钮的图形符号和文字符号

图 6-25 按钮

2. 万能转换开关

1）用途

万能转换开关又称组合开关，是一种多挡式、控制多回路的主令电器。一般用于交流 500 V、直流 440 V、约定发热电流 20 A 以下的电路中，作为电气控制线路的转换和配电设备的远距离控制、电气测量仪表转换，也可用于直接控制小容量电动机的起动、调速和换相。万能转换开关触点挡数多、换接线路多、用途广泛，故有"万能"之称。组合开关的外形和符号如图 6-26 所示。

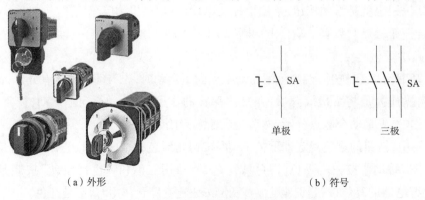

(a)外形 (b)符号

图 6-26 万能转换开关

2)结构及工作原理

万能转换开关由动触点、静触点、转动轴、手柄、凸轮块及外壳等部分组成。其动触点、静触点分别叠装于数层绝缘垫板之间,各自附有连接线路的接线柱。当转动手柄时,每层的动触点随转轴一起转动,从而实现对电路的接通、断开控制。图6-27为万能转换开关的单层结构示意图,当操作手柄转动时,转动轴6带动开关内部的凸轮块1转动,从而使触点按规定顺序闭合或断开。定位采用滚轮卡棘轮结构,配置不同的限位件,可获得不同挡位的开关。

3)触点通断表示方法

如图6-28(a)所示,图中有3条虚线说明该转换开关有3个位置,即左转45°、0°、右转45°。黑点表示触点处于接通状态。

(1)当操作手柄打向左转45°时,触点1-2、3-4、5-6闭合,触点7-8断开。

(2)打向0°时,只有触点5-6闭合。

(3)打向右转45°时,触点7-8闭合,其余断开。

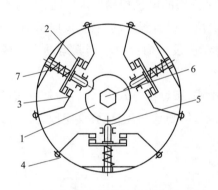

图6-27 万能转换开关的单层结构示意图

1—凸轮块;2—动触点;3—静触点;
4—接线端子;5—支杆;6—转动轴;7—弹簧

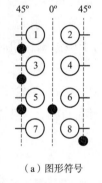

(a)图形符号

LW5-15D0403/2			
触点编号	45°	0°	45°
1-2	×		
3-4	×		
5-6	×	×	
7-8			×

(b)触点通断表

图6-28 万能转换开关的触点通断表示方法

如图6-28(b)所示。第1行表示触点的型号。第2行的第1列表示触点编号:即触点1-2、触点3-4、触点5-6、触点7-8,要与触点的图形符号上的编号一一对应。第3、4、5列表示操作手柄的位置:即3个位置,即左转45°、0°、右转45°;有"×"表示触点在该位置闭合;无"×"表示触点在该位置断开。

4)万能转换开关应用实例

图6-29所示为万能转换开关实现三相电动机正反转控制,万能转换开关有3个位置(左转45°、0°、右转45°)。当转换开关在中间位置,其6个触点(1-2、3-4、5-6、7-8、9-10、11-12)都断开,电动机停止;当转换开关左转45°,其4个触点(1-2、3-4、5-6、11-12)闭合,电动机相序为B→C→A,电动机正转起动;当转换开关右转45°,其4个触点(1-2、3-4、7-8、9-10)闭合,电动机相序为C→B→A,电动机反转起动。

万能转换开关应根据电源种类、电压等级、极数及负载的容量选用,直接控制电动机开关时,其额定电流应不小于电动机额定电流的2~3倍。

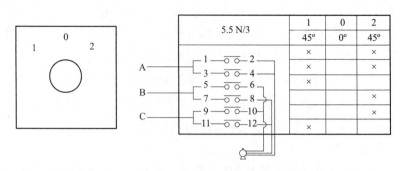

图 6-29 万能转换开关实现三相电动机正反转控制

3. 行程开关

行程开关又称位置开关(也称位置传感器),是一种很重要的小电流主令电器。行程开关是利用生产设备某些运动部件的机械位移来碰撞位置开关,使其触点动作,将机械信号变为电信号,接通、断开或变换某些控制电路的指令,借以实现对机械的电气控制要求。通常,这类开关被用来限制机械运动的位置或行程,使运动机械按一定位置或行程自动停止、反向运动、变速运动或自动往返运动等。即主要用于检测工作机械的位置,发出命令以控制其运动方向或行程长短。

行程开关按操作头形式,分为直杆式、单轮式、双轮式;按复位方式,分为自动复位式和非自动复位式。以直杆式行程开关为例,行程开关由静触点、动触点、压动杆、弹簧组成,其外形与内部结构如图 6-30 所示。

(a) 外形　　　　　　　　　　　　　　　　(b) 内部结构

图 6-30 行程开关的外形与内部结构

1—压动杆;2—弹簧;3—静触点;4—动触点;5—触点弹簧

行程开关的图形符号和文字符号如图 6-31 所示。

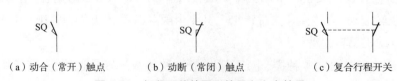

(a) 动合(常开)触点　　　(b) 动断(常闭)触点　　　(c) 复合行程开关

图 6-31 行程开关的图形符号和文字符号

七、熔断器

1. 用途与分类

熔断器俗称保险丝,广泛用于低压配电线路和电气设备中,主要起短路保护和严重过载保护作用。它具有结构简单、使用维护方便、价格低廉、可靠性高等特点,是低压配电线路中的重要保护元件之一。

熔断器接入电路时,熔体与保护电路串联连接,当该电路中发生短路或严重过载故障时,通过熔体的电流达到或超过其允许的正常发热电流,熔体上产生的热量使熔体温度急剧上升,当达到熔体金属的熔点时自行熔断,分断电路切断故障电流,从而保护了电气设备。

熔断器由熔体、熔管和熔座构成。熔体是熔断器的核心,常做成丝状、片状或栅状,制作熔体的材料一般有铅锡合金、锌、铜、银等;熔管是熔体的保护外壳,用耐热绝缘材料制成,在熔体熔断时兼有灭弧作用;熔座是熔断器的底座,作用是固定熔管和外接引线。

熔断器的种类较多,常用的低压熔断器有插入式、螺旋式、管式和快速熔断式等,其中管式熔断器又分为无填料封闭管式和有填料封闭管式。多数熔断器为不可恢复性产品,一旦损坏后应用同规格的熔断器更换。随着科技的发展,近些年出现了自恢复熔断器。

2. 常用的熔断器

1)插入式熔断器

插入式熔断器又称瓷插式熔断器,由瓷底座、静触头、瓷插件、动触头、熔体和接线座等部分组成,如图6-32所示。插入式熔断器结构简单,价格低廉,更换熔体方便。广泛用于照明和小容量电动机的短路保护,一般用于500 V以下的小容量线路。

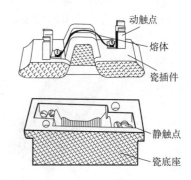

图6-32 插入式熔断器

2)螺旋式熔断器

螺旋式熔断器由瓷帽、熔断管、瓷套、上接线柱、下接线柱及绝缘座等部分组成,如图6-33所示。熔断管内装有熔丝、石英砂和带小红点的熔断指示器,指示器指示熔丝是否熔断,石英砂用于增强灭弧性能。

螺旋式熔断器分断能力较强,结构紧凑,体积小,安装面积小,更换熔体方便,工作安全可靠。主要用于电气设备的过载及短路保护,适于交流额定电压500 V、额定电流200 A及以下的中小容量线路,广泛应用于控制箱、配电屏、机床设备及振动较大的场合中。

图 6-33　螺旋式熔断器

3）有填料封闭管式熔断器

有填料封闭管式熔断器由管体、指示器、石英砂填料和熔体组成。如图 6-34(a) 所示，管体由滑石陶瓷制成，呈波浪形，增大散热面积。上盖装有明显红色指示器，指示熔断器工作状态，当熔体熔断时指示器被弹起。管内充满经特殊处理的石英砂，用来冷却和熄灭电弧。它的主要特点是：灭弧能力强，分断速度快。熔断器配有插装专用的绝缘手柄，可以在带电压的情况下更换熔断器（操作时需有人监护并戴绝缘手套）。但熔断管只能一次性使用，相对维修费用也高，适用于配电线路或断流能力要求较高的场所作为过载和短路保护用。

4）无填料封闭管式熔断器

无填料封闭管式熔断器是一种可拆卸的熔断器，如图 6-34(b) 所示，更换熔体方便，当熔体熔断时，管内产生高压，可加速灭弧，另外熔体熔断后，使用人员可自行拆开更换熔体尽快恢复供电。另外，还具有分断能力强、保护特性好和运行安全可靠等优点，常用于过载及短路故障频繁发生的场合，作为低压电网和成套配电装置的短路及过载保护。

（a）有填料封闭管式熔断器　　　　（b）无填料封闭管式熔断器

图 6-34　有填料封闭管式熔断器和无填料封闭管式熔断器

5）快速熔断器

快速熔断器如图 6-35 所示，主要用于半导体整流元件或整流装置的短路保护，具有快速熔断的能力。结构上和有填料封闭式熔断器基本相同，由磁壳、导电板、熔体、石英砂、消弧剂、指示器 6 部分组成。但熔体材料和形状不同，熔体是由纯银制成的，纯银的电阻率低、延展性好、化学稳定性好，因此快速熔断器的熔体可做成薄片，且具有圆孔狭颈结构。熔体上还有某种材质的焊点,以达到熔丝在过载情况下迅速断开目的。快速熔断器具有反时限电流保护和限流特性;分断能力强,可高达 50 kA;负载设备承受的冲击能量小。

3. 熔断器的选用和安全使用

1) 熔断器的选用

熔断器选用时应首先考虑对熔体额定电流的选择,要同时满足正常负荷电流和起动冲击电流两个条件。熔断器的额定电流应不小于熔体的额定电流。在其接触良好正常散热时,通过额定电流时熔体是不会熔断的。

图 6-35 快速熔断器

2) 熔断器的安全使用

(1) 熔体熔断,先排除故障后再更换熔体。
(2) 在更换熔体管时应停电操作。
(3) 半导体器件构成的电路应采用快速熔断器。
(4) 熔断器安装位置及相互间距离,应便于更换熔体。
(5) 有熔断指示器的熔断器,其指示器应装在便于观察的一侧。
(6) 瓷质熔断器在金属底板上安装时,其底座应垫软绝缘衬垫。
(7) 安装具有几种规格的熔断器,应在底座旁标明规格。
(8) 有触及带电部分危险的熔断器,应配齐绝缘抓手。
(9) 带有接线标志的熔断器,电源线应按标志方向进行接线。
(10) 螺旋式熔断器的安装,其底座严禁松动,电源应接在熔芯引出的端子上。

4. 低压熔断器的检测

对于低压熔断器可采用观察法和测量法来判断其好坏。对于表面有明显烧焦痕迹或人眼能直接看到熔丝已经断了的熔断器,则可通过观察法直接判断其好坏。对于不能采用观察法判断质量的低压熔断器,可采用万用表测量法检测低压熔断器的熔体电阻值。指针万用表选择 $R \times 10$ 挡,黑、红表笔分别与熔断器的两端接触,熔体阻值很小或趋于零,表明该低压熔断器正常;熔体阻值为无穷大,则表明该低压熔断器已熔断。

八、热继电器

热继电器是利用电流的热效应来切断电路的保护电器,主要对电动机或其他负载进行过载保护以及对三相电动机进行断相保护。电动机在实际运行中,由于过载时间过长,绕组温升超过了允许值时,将会加剧绕组绝缘的老化,缩短电动机的使用寿命,严重时会使电动机绕组烧毁。因此,在电动机的电路中应设有过载保护。热继电器外形如图 6-36 所示。

热继电器根据动作原理分为双金属片式、热敏电阻式和易熔合金式。双金属片式热继电器是利用双金属片受热弯曲去推动杠杆使触点动作;热敏电阻式热继电器是利用电阻值随温度变化而变化的特性制成;易熔合金式热继电器是利用过载电流发热使易熔合金熔化而使继电器动作。

图 6-36　热继电器外形

1. 热继电器的结构及工作原理

双金属片式热继电器的结构主要由加热元件、双金属片、触点系统、动作机构、复位按钮、电流整定装置和温升补偿装置等部分组成，如图 6-37 所示。

(1) 热元件(感温元件)。它是用两种热膨胀系数不同的金属片(双金属片)用机械碾压或熔焊的方式紧密结合在一起而制成的。有的双金属片上绕有电阻丝，当过负荷电流流过电阻丝或双金属片时，使之温度升高而发生弯曲变形，利用弯曲力通过联动板和弹簧使动断触点断开，切断控制回路，致使被控制的接触器释放，分断负荷的主电路，起到保护作用。

(2) 动断、动合触点。它的作用是接通或断开控制回路或指示灯。

(3) 动作机构。由绝缘的导板、弹簧组成。当元件冷却恢复原状后可借助弹簧力自动复位(出厂时的复位方式)。

(4) 复位按钮。当复位调节螺钉逆时针往外拧，脱离自动复位位置时，热元件受热变形使动断触点断开，后经过一段时间按下复位按钮方能手动复位。

(5) 电流整定装置(动作电流调整装置)。通过调节凸轮改变弹簧的压力，从而改变热元件的动作电流值。所配用热元件不变的情况下，热继电器的动作电流可在热元件额定电流的60%~100%的范围内调节。热继电器动作时间随电流增大而缩短。

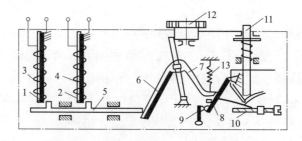

图 6-37　热继电器的结构及原理示意图

1、2—主双金属片；3、4—加热元件；5—导板；6—温度补偿双金属片；7—推杆；
8—动触点；9—静触点；10—螺钉；11—复位按钮；12—调节凸轮；13—弹簧

双金属片式热继电器的两个加热元件分别串联在主电路的两相中。双金属片作为测量组件，由两种不同线膨胀系数的金属压焊而成。动触点与静触点接于控制电路的接触器线圈回路中。在电动机正常运行时，热组件产生的热量虽能使双金属片产生弯曲变形，但还不足以使热继电器的触点系统动作；当负载电流超过整定电流值并经过一定时间后，工作电流增大，热组件产生的热量也增多，温度升高，热元件所产生的热量足以使双金属片受热向右弯曲，并推动导板向右移动一定距离，导板又推动温度补偿片与推杆，使动触点与静触点分断，从而使接触器线圈断电释放，将电源切除起到保护作用。电源切断后电流消失，双金属片逐渐冷却，经过一段时间后恢复原状，于是动触点在失去作用力的情况下，靠自身弓簧的弹性自动复位与静触点闭合。

　　这种热继电器也可以采用手动复位，将螺钉向外调节到一定位置，使动触点弓簧的转动超过一定角度失去反弹性，在此情况下，即使主双金属片冷却复原，动触点也不能自动复位，必须采用手动复位，按下复位按钮使动触点弓簧恢复到具有弹性的角度，使静触点恢复闭合。这在某些故障未被消除，为防止带故障投入运行的场合是必要的。

2. 三相结构的热继电器

　　在一般情况下，应用两相结构的热继电器已能对电动机的过载进行保护。这因为电源的三相电压均衡，电动机的绝缘良好，三相线电流也是对称的。但是，当三相电源因供电线路故障而产生不平衡情况，或因电动机绕组内部发生短路或接地故障时，就可能使电动机某一相线电流比另外两相电流要高，若该相线电路中恰巧没有热元件，就不能对电动机进行可靠的保护。为此，就必须选用三相结构的热继电器。

　　三相结构的热继电器的外形、结构及工作原理与两相结构的热继电器基本相同。仅是在两相结构的基础上，增加了一个加热元件和一个主双金属片而已。三相结构的热继电器又分为带断相保护装置和不带断相保护装置两种。

　　三相电源的断相是引起电动机过载的常见故障之一。一般，热继电器能否对电动机进行断相保护，这还要看电动机绕组的连接方式。

　　对于绕组是星形接法的电动机来说，当运行中发生断相，则另外两相就会发生过载现象，因流过继电器热元件的电流就是电动机绕组的电流，所以，普通的两相结构或三相结构的继电器都可以起到断相保护作用。

　　对于绕组是三角形接法的电动机来说，继电器的热元件串联在电源的进线中，并且按电动机的额定电流来整定。当运行中发生断相，流过热继电器的电流与流过电动机绕组的电流增加比例是不同的。在电动机三相绕组内部，故障相电流将超过其额定电流。但此时的故障相电流并未超过继电器的整定电流值，所以热继电器不动作，但对电动机来说某相绕组就有过载危险。

　　为了对三角形接法的电动机进行断相保护，必须采用三相结构带断相保护装置的热继电器。由于热继电器主双金属片受热膨胀的热惯性及动作机构传递信号的惰性原因，从过载开始到控制电路分断为止，需要一定的时间，由此可以看出，电动机即使严重过载或短路，热继电器也不会瞬时动作，所以热继电器不能作短路保护。但正是这个热惯性和机械惰性使在电动机起动或短时过载时,热继电器也不会动作,从而满足了电动机的某些特殊要求。

热继电器的图形符号和文字符号如图 6-38 所示。

3. 热继电器的选用和安全使用

热继电器的合理选用和正确使用直接影响到电气设备能否安全运行。因此,在选用和使用中应着重注意以下问题:

(1)热继电器额定电流应大于或等于热元件额定电流,应按产品系列选用。热元件的额定电流应略大于负荷电流,一般在负荷电流的 1.1~1.25 倍之间,整定值应在可调的范围之内,并据此确定热继电器的规格。通常热继电器的整定电流调节指示位置应调整在电动机的额定电流值上;当电动机的起动时间较长(>5 s),拖动冲击性负载或不允许停车时,热元件整定电流调节到电动机额定电流的 1.1~1.15 倍。三角形连接电动机还应选用带缺相保护的热继电器。

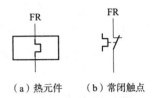

图 6-38 热继电器的图形符号和文字符号

(2)热继电器和热脱扣器的热容量较大,动作不快,不宜用于短路保护。

(3)与热继电器连接的导线截面应满足最大负荷电流的要求,连接应紧密。

(4)热继电器在使用中,不能自行变动热元件的安装位置或随意更换热元件。

(5)运行中热继电器误动作的原因有:动作整定值偏小、环境温度过高或温度变化太大、操作频率过高、连接导线截面不够或导线连接处接触不良、电动机起动时间过长、热元件本身质量不佳。

(6)运行中热继电器拒动作的原因有:整定值偏大、调节刻度误差太大、热元件损坏、动作触点粘连不能断开、动作机构卡住、导板变形脱位。

(7)热继电器因故障动作后,必须认真检查热元件及触点是否有烧坏现象,其他部件无损坏,才能再投入使用。

(8)热继电器动作后"自动复位"可在 5 min 内完成;手动复位时,则在 2 min 后按复位键复位。

拓展:低压配电柜(箱)

低压配电柜(箱)是将低压电路所需的开关设备、测量仪表、保护装置和辅助设备等,按一定的接线方案安装在金属柜内构成的一种组合式电气设备。低压配电柜(箱)用以进行控制、保护、计量、分配和监视,适用于低压配电系统中的动力配电、照明配电。低压成套配电装置由开关电器和控制电器组成,外形如图 6-39 所示。低压配电柜基本上可分为固定式和抽屉式两大类。

1. 低压配电柜(箱)安装及投入运前检查

安装时,低压配电柜(箱)相互间及其与建筑物间的距离应符合设计和制造厂的要求,且应安装牢固、整齐美观。若有振动影响,应采取防振措施,并接地良好。两侧和顶部隔板完整,门应开闭灵活,回路名称及部件标号齐全,内外清洁无杂物。

图 6-39 低压配电柜

低压配电柜(箱)投入运行前,应检查:

(1)柜体与基础型钢固定是否牢固,安装是否平直;柜(箱)面应完好,柜(箱)内应清洁,无积垢。

(2)各开关操作灵活,无卡涩,各触头接触良好。

(3)用塞尺检查母线连接处接触是否良好。

(4)二次回路接线应整齐牢固,线端编号符合设计要求。

(5)检查接地是否良好。

(6)抽屉式配电箱应检查推抽是否灵活轻便,动、静触头应接触良好,并有足够的接触压力;单元抽屉状态正确,在连接位置时,主辅回路插件均已接通,单元抽屉锁定;试验位置时,主回路插件断开,辅助回路插件接通,单元抽屉锁定;隔离位置时,主辅回路插件均已断开,单元抽屉锁定;抽出位置时,主辅回路插件均已断开,单元抽屉既可插入,亦可抽出。

(7)试验各表计是否准确,继电器动作是否正常。

(8)用 1 000 V 兆欧表测量绝缘电阻,应不小于 0.5 MΩ 并按标准进行交流耐压试验。一次回路试验电压为工频 1 kV,可用 2 500 V 兆欧表试验代替。

(9)低压配电装置所控制的负荷必须分路,避免多路负荷共用一个开关控制。

2. 低压配电装置的巡视检查

为了保证低压配电装置的正常运行,对配电屏上的仪表和电器应经常进行检查和维护,并做好相关记录,以便随时分析运行及用电情况,及时发现问题和消除隐患。

对运行中的低压配电屏,通常应检查以下内容:

(1)配电屏及屏上的电气元件的名称、标志、编号等是否清楚、正确,盘上所有的操作把手、按钮和按键等的位置与现场实际情况是否相符,固定是否牢靠,操作是否灵活。

(2)配电屏上表示"合"和"分"等信号灯和其他信号指示是否正确。

(3)隔离开关、断路器、熔断器和互感器等的触头是否牢靠,电路中各部连接点有无过热、变色现象。

(4)配电室有操作模拟板时,模拟板与现场电气设备的运行状态是否对应。

带灭弧罩的低压电器,三相灭弧罩是否完整无损;运行中低压配电装置有无异音、异味,运行环境中的温度、湿度是否符合电气设备特性要求,室内电缆沟有无积水、杂物;配电箱、柜周边有无与设备运行无关的物品;电缆保护管孔洞是否已用防火材料封堵;防鼠挡板应完好到位;通往设备区的门应随手关好。

(5)巡视检查中发现的问题应及时处理,并做好记录及时上报。

3. 低压配电装置的运行维护

(1)对低压配电装置的有关设备,应定期清扫和摇测绝缘电阻(对工作环境较差的应适当增加次数),如用1 000 V兆欧表测量母线、断路器、接触器和互感器的绝缘电阻,以及二次回路的对地绝缘电阻等均应符合规程要求。

(2)低压断路器故障跳闸后,只有查明并消除跳闸原因后,才可再次合闸运行。

(3)对频繁操作的交流接触器,每3个月进行检查,检查时应清扫一次触点和灭弧栅,检查三相触点是否同时闭合或分断,摇测相间绝缘电阻。

(4)经常检查熔断器的熔体与实际负荷是否相匹配,各连接点接触是否良好,有无烧损现象,并在检查时清除各部位的积灰。

①凡装有低压电源自投系统的配电装置,应定期进行传动试验,检验其动作的可靠性。

②低压配电装置的操作走廊、维护走廊均应铺设绝缘垫,且通道上不得堆放杂物。

③低压配电装置应编号,主控电器应编统一操作调度号,双面维护的配电柜,其柜前与柜后应有一致的操作编号和用途标识,馈线电器应标明负荷名称,并应标示在低压系统模拟图版上。

④低压配电装置应定期进行清扫、检查、维护,一般每年不少于两次,且应安排在雷雨季节前和高峰负荷到来之前。

⑤低压母线和设备连接点超过允许温度时,应迅速停下次要负荷,以控制温度上升,然后再停下缺陷设备进行检修。

⑥低压电器内发生放电声响,应立即停止运行,隔离电源后,取下灭弧罩或外壳,检查触头接触情况,并摇测对地及相间绝缘电阻是否合格。

⑦低压电器的灭弧罩或灭弧栅损坏或掉落,即便是一相,均应停止该设备运行,待修复后方准使用。

⑧三相电源发生缺相运行或电流互感器二次开路时,应及时停电进行处理。

学习任务二 常用电气符号及识图方法

一、电工常用电气符号

1. 电气设备的文字符号和图形符号

电气符号以文字和图形的形式从不同角度为电气图提供了各种信息,它包括文字符号、图形符号等。图形符号提供了一类设备或元件的共同符号,为了更明确地区分不同设备和元件以及不同功能的设备和元件,还必须在图形符号旁标注相应的文字符号加以区别。图形符号和文字符号相互关联、互为补充。

1)文字符号

文字符号就是表示电气设备、装置、元器件的名称、功能、状态和特征的字符代码。在电气图中一般标注在电气设备、装置和元件图形符号上或其近旁,以标明电气设备装置和元器件的名称、功能和特征。

将所有的电气设备、装置和元器件分成23个大类,每个大类用1个大写字母表示。文字符号分为基本文字符号和辅助文字符号。

基本文字符号分为单字母符号和双字母符号两种。单字母符号应优先采用,每个单字母符号表示一个电器大类,见表6-1。如C表示电容器类,R表示电阻器类等。双字母符号由一个表示种类的单字母符号和另一个字母组成,第一个字母表示电器的大类,第二个字母表示对某电器大类的进一步划分。如G表示电源大类,GB表示蓄电池,S表示控制电路开关,SB表示按钮,SP表示压力传感器(继电器)。

辅助文字符号由1~3位英文名称缩写的大写字母表示,例如辅助文字符号BW(Backward的缩写)表示向后,P(Pressure的缩写)表示压力。辅助文字符号可以和单字母符号组合成双字母符号,例如单字母符号K(表示继电器接触器大类)和辅助文字符号AC(交流)组合成双字母符号KA,表示交流继电器;单字母符号M(表示电动机大类)和辅助文字符号SYN(同步)组合成双字母符号MS,表示同步电动机。辅助文字符号也可以单独使用,例如RD表示信号灯为红色。

同一电器如果功能不同,其文字符号也不同,例如照明灯的文字符号为EL,信号灯的文字符号为HL。

2)图形符号

图形符号是构成电气图的基本单元,用于图样或其他技术文件中,表示一个设备(如变压器)或概念(如接地)的图形、标记或字符。图形符号常由符号要素、一般符号和限定符号组成,例如断路器的图形符号就是由多种限定符号、符号要素和一般符号组合而成的,如图6-40所示。

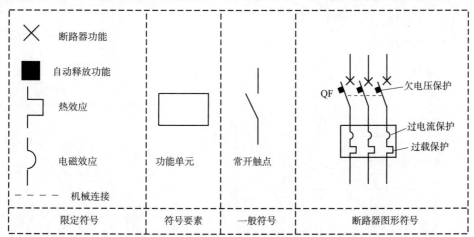

图6-40 断路器图形符号的组成

对于一些组合电器,不必考虑其内部细节时可用方框符号表示,如表 6-2 中的整流器、逆变器、滤波器等。

表 6-2 常用电器分类及图形符号、文字符号举例

分 类	名 称	图形符号和文字符号	分 类	名 称	图形符号和文字符号
A 组件部件	起动装置	SB₁ SB₂ KM / KM HL	G 发生器、发电机、电源	交流发电机	G
				直流发电机	G
B 将电量变换成非电量或将非电量变换成电量	扬声器	B （将电量变换成非电量）		电池	GB
	传声器	B （将非电量变换成电量）	H 信号器件	电喇叭	HA
C 电容器	一般电容器	C		蜂鸣器	HA H 优选形 一般形
	极性电容器	+ C		信号灯	HL
	可调电容器	C	K 继电器、接触器	中间继电器	KA KA
D 二进制元件	与门	D &		过电流继电器	I> KI KI KI
	或门	D ≥1		欠电流继电器	I< KI KI KI
	非门	D 1			
E 其他	照明灯	EL		过电压继电器	U> KV KV KV
F 保护器件	热继电器	FR FR FR		欠电压继电器	U< KV KV KV
	熔断器	FU			

续表

分 类	名 称	图形符号和文字符号	分 类	名 称	图形符号和文字符号
K 继电器、接触器	接触器	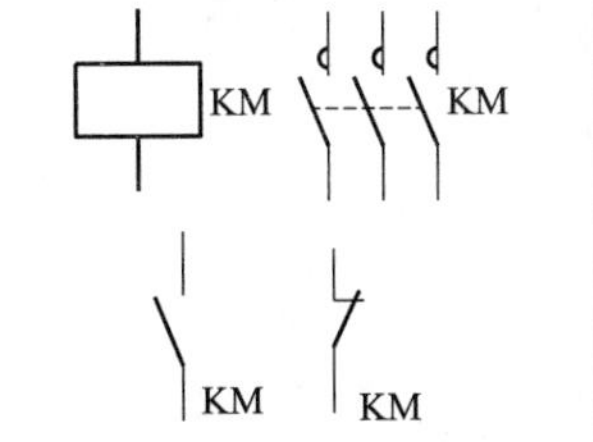 KM / KM / KM / KM	M 电动机	笼型电动机	U V W / M 3~
	通电延时型时间继电器	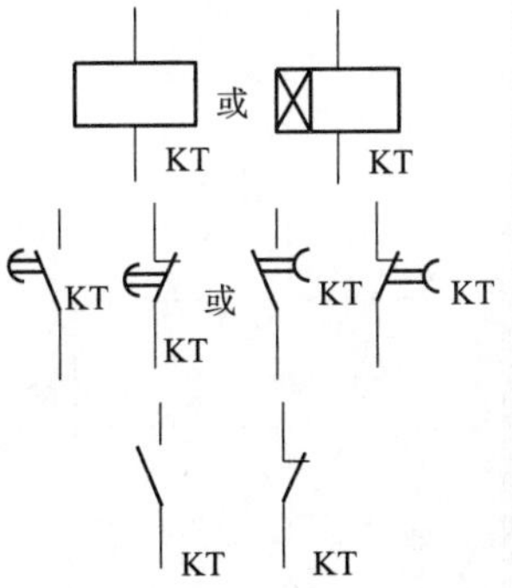 或 KT / KT / KT 或 KT / KT / KT		绕线型电动机	U V W / M 3~
	断电延时型时间继电器	或 KT / KT / KT / KT / KT		他励直流电动机	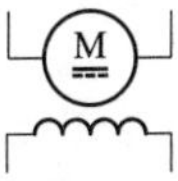 M
				并励直流电动机	 M
				串励直流电动机	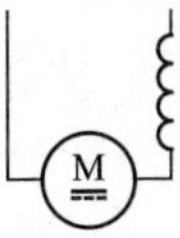 M
				三相步进电动机	 M
	速度继电器	KS n KS n KS		永磁直流电动机	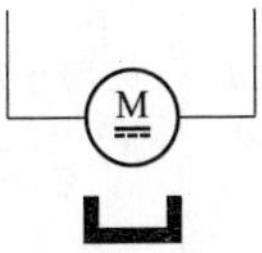 M
L 电感器、电抗器	电感器	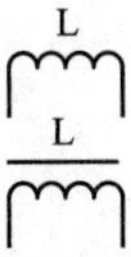 L（一般符号）L（带磁芯符号）	N 模拟元件	运算放大器	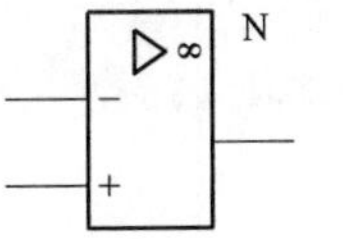 N ∞
				反相放大器	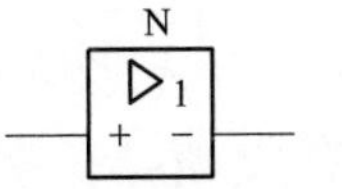 N 1
	可调电感器	L		数-模转换器	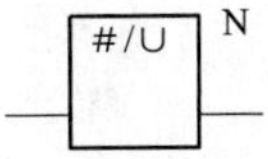 #/U N
	电抗器	L		模-数转换器	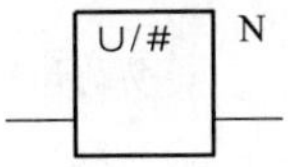 U/# N

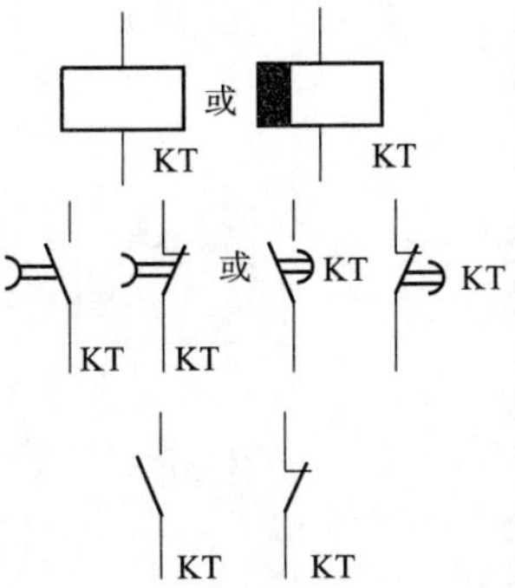

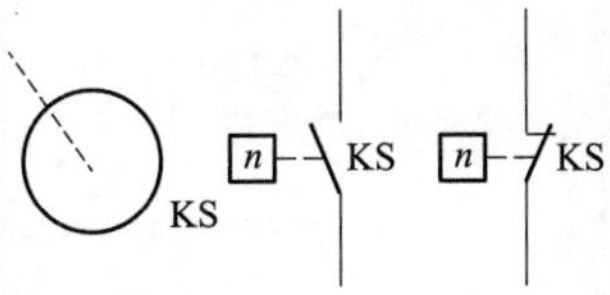

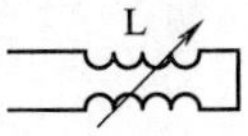

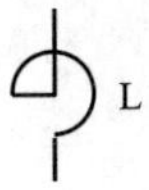

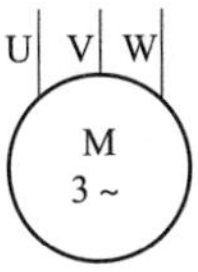

续表

分类	名称	图形符号和文字符号	分类	名称	图形符号和文字符号
P 测量设备、试验设备	电流表	PA ⓐ	R 电阻器	电阻器	R
	电压表	PV Ⓥ		固定抽头电阻器	R
	有功功率表	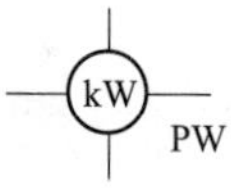 kW PW		可调电阻器	R
	有功电能表	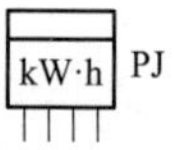 kW·h PJ		电位器	RP
I J O		不使用		频敏变阻器	RF
Q 电力电路的开关器件	断路器	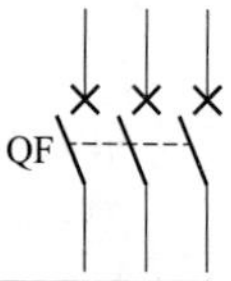 QF	S 控制、记忆、信号电路开关器件选择器	按钮	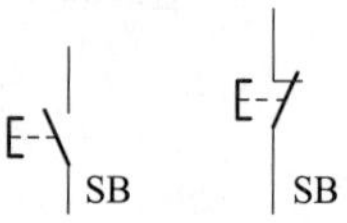 E-\ SB E-/ SB
	隔离开关	QS		复合按钮	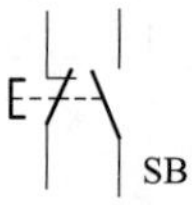 E SB
	刀熔开关	QS		急停按钮	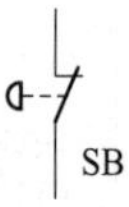 SB
	手动开关	QS		行程开关	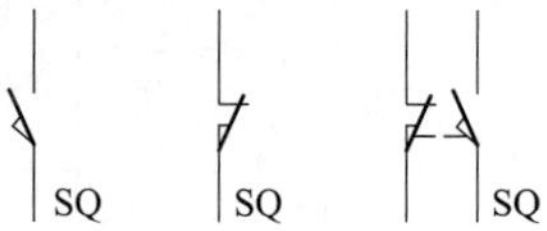 SQ SQ SQ
	双投刀开关	QS		单极控制开关	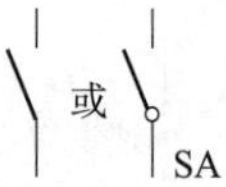 或 SA
	组合开关 旋转开关	QS		手动开关一般符号	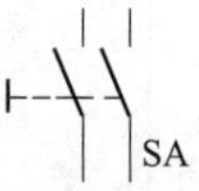 SA
	负荷开关	QS		接近开关	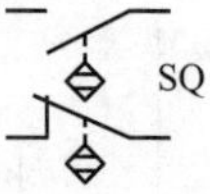 SQ
				行程开关	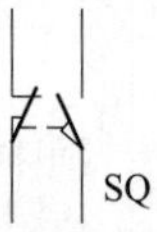 SQ

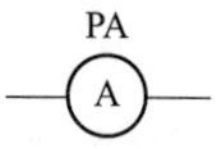

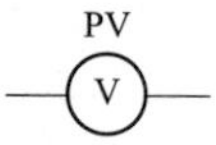

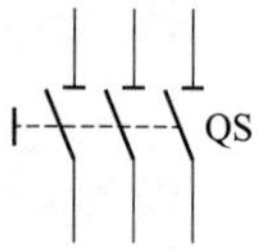

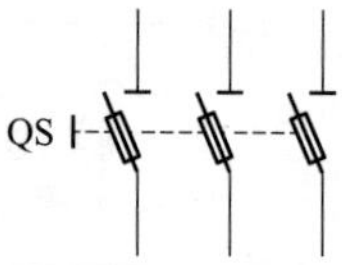

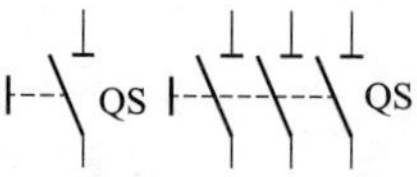

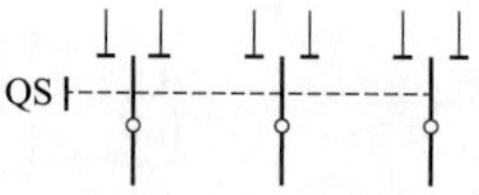

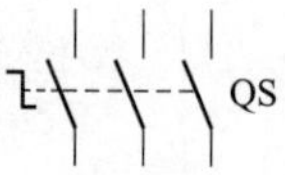

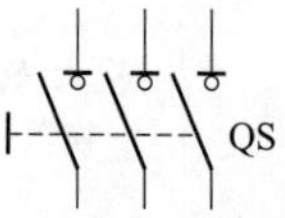

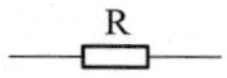

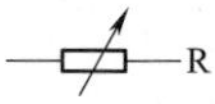

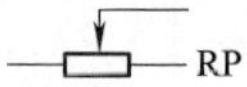

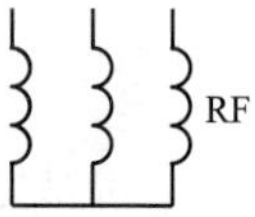

续表

分 类	名 称	图形符号和文字符号	分 类	名 称	图形符号和文字符号
S 控制、记忆、信号电路开关器件选择器	万能转换开关、凸轮控制器	后 前 2 1 0 1 2 SA	V 电子管晶体管	二极管	V
				三极管	PNP型 NPN型
T 变压器互感器	单相变压器	T		晶闸管	V V 阳极侧受控 阴极侧受控
	自耦变压器	T 形式1 形式2	W 传输通道、波导、天线	导线、电缆、母线	W
				天线	W
	三相变压器（星形/三角形接线）	T 形式1 形式2	X 端子插头插座	插头	XP 优选型 其他型
				插座	XS 优选型 其他型
	电压互感器	电压互感器与变压器图形符号相同，文字符号为TV		插头插座	X 优选型 其他型
	电流互感器	TA 形式1 形式2		连接片	断开时 XB 接通时
U 调制器变换器	整流器	U	Y 电器操作的机械器件	电磁铁	或 YA
	桥式全波整流器	U		电磁吸盘	YH
	逆变器	U		电磁离合器	YC
	变频器	f_1 f_2 U			

续表

分类	名称	图形符号和文字符号	分类	名称	图形符号和文字符号
Y 电器操作的机械器件	电磁制动器	YB	Z 滤波器、限幅器、均衡器、终端设备	滤波器	Z
	电磁阀	YV		限幅器	Z
				均衡器	Z

2. 常用符号

常用符号不表示独立的电气元件,只说明电路的某些特征,见表6-3。

表6-3 常用符号

名称	图形符号	名称	图形符号
直流	━━━	中性线	N
交流	∼	正极	+
交直流	≂	负极	-
保护接地		故障	
接地一般符号		闪络、击穿	
等电位		理想电压源	
接机壳或接底板		理想电流源	

3. 特定标记

1) 导线的标记

(1) 交流电源:相线 L_1、L_2、L_3;中性线 N。

(2) 直流电源:正极 L+、负极 L-;中间线 M。

(3) 保护接地线:PE;不接地保护导体:PU。

(4) 中性保护导体(保护接地线与中性线共用):PEN。

(5) 低噪声(防干扰)接地导体:TE。

(6) 机壳或机架接地:MM。

(7) 等电位连接:CC。

2) 电气设备端子标记

(1) 三相交流电动机:相线端子 U、V、W;中性线端子 N。

(2) 直流电动机:正极端子 C、负极端子 D;中间线端子 M。

3）相位标记

(1) 交流三相系统：A 相(L_1、黄色)；B 相(L_2、绿色)；C 相(L_2、红色)；N 线及 PEN 线(淡蓝色)；PE 线(黄绿双色)。

(2) 直流系统：正极(L+、褐色)；负极(L-、蓝色)。

4. 回路符号

回路符号如图 6-41 所示。

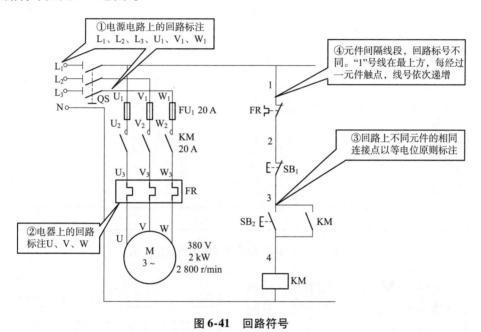

图 6-41　回路符号

二、电气控制系统图及电气制图的识读

1. 电气控制系统图

电气控制系统图是由许多电气元件按一定要求连接而成的。为了表达生产机械电气控制系统的结构、原理等设计的示意图，同时也为了便于电气系统的安装、调试、使用和维修，需要将电气控制系统中各电气元件的连接用一定的图形表达出来，这种图就是电气控制系统图。

电气控制系统图一般有电路图（又称电气原理图）、电气平面位置图、电气安装接线图 3 种。在图上用不同的图形符号表示各种电气元件，用不同的文字符号表示设备及线路功能、状况和特征。

1）电气原理图

电气原理图采用标准的图形符号和文字符号来表达电路中的电气元件、设备、线路组成及连接关系，而不考虑各电气元件、设备等的实际位置与尺寸，如图 6-42 所示。

需要注意的是：电路原理图中，电气元件不画实际的外形图，而应采用国家统一规定的电气图形符号表示。同一电器的各元件不按它们的实际位置画在一起，而是按其在线路中所起的作

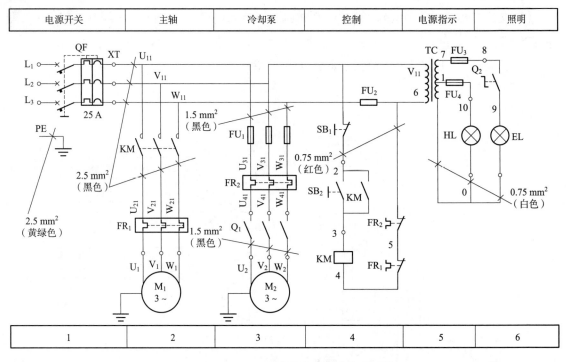

图 6-42　CW6132 型普通车床的电气原理图

用分别画在不同的电路中，但它们的动作是相互关联的，必须用同一个文字符号标注。若同一电路图中，相同电器较多时，需要在电气元件文字符号后面以下角标形式加注不同的数字以示区别。各电器的触点位置都按电路未通电或电器未受外力作用时的常态位置画出，分析原理时应从触点的常态位置出发。

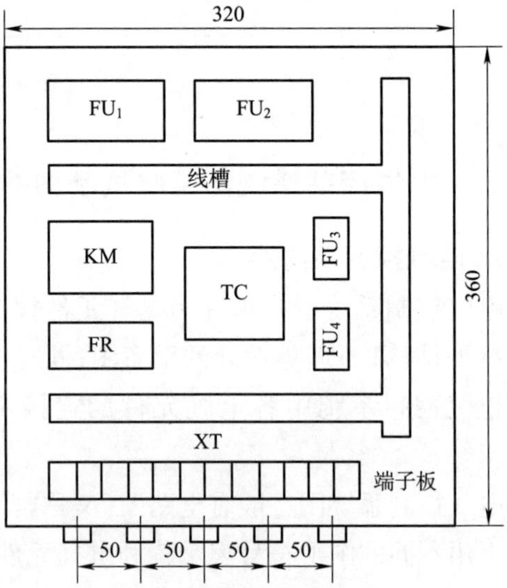

2）电气平面位置图

电气平面位置图是用标准的图形符号来表示电气成套装置、设备及元件的实际空间位置，并用导线连接，反映它们之间供电关系的图形，如图 6-43 所示。

3）电气安装接线图

电气安装接线图是表达电气元件及设备的连接关系的一种简图。它依据电气原理图及电气平面位置图编制而成，主要用于电气设备与线路的安装接线、检查、维修和故障处理，如图 6-44 所示。

图 6-43　CW6132 型普通车床的电气平面位置图（单位：mm）

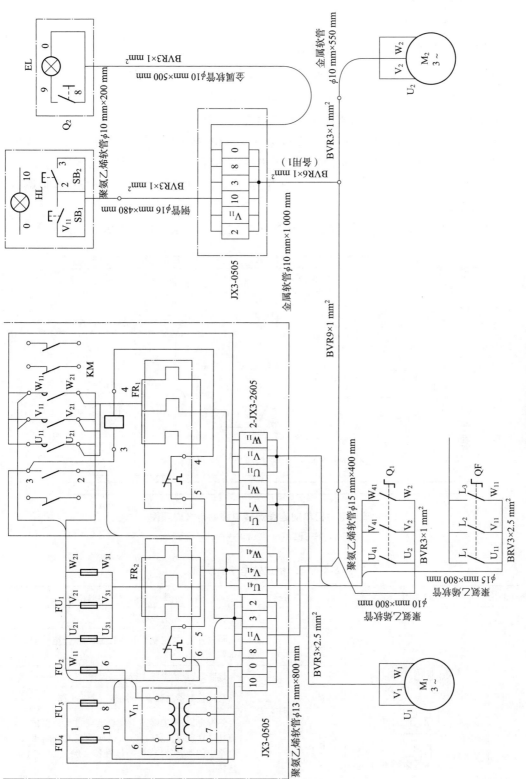

图6-44 CW6132型普通车床的电气安装图

2. 电气制图的识读

1）电气原理图的识读

电气原理图的识读方法有以下3个步骤：

(1) 看图样说明，抓住识读重点，了解图样目录、技术说明、元器件明细表及施工说明等。

(2) 分清电路性质，抓住电气原理图的主电路和控制电路、直流电路和交流电路。

(3) 找准识读顺序，抓住先主电路、后控制电路的识读方法。

① 识读主电路：通常根据电流流向，从电源引入处开始，从上到下看。分析本设备所用的电源、主电路中各台电动机的用途及动作要求、主电路中所用的控制电器及保护电器等。

② 识读控制电路：通常从左往右、从上往下看，先看电源，再依次到各回路，分析各回路元件的工作情况与主电路的控制关系。

下面以图6-45所示电路为例解释电气原理图的识读方法，具体分析步骤见表6-4。

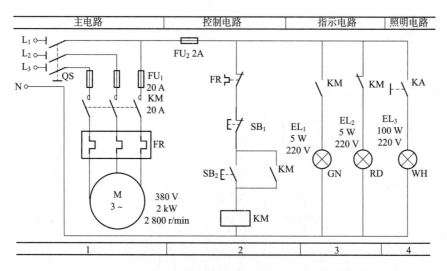

图6-45 电动机单向连续运转电路的电气原理图

GN—绿；RD—红；WH—白

表6-4 电动机正转电路的识读

电路功能	电路图	元件符号	各元件在电路中的作用
主电路		L_1、L_2、L_3	三相电源，动力供电线
		QS	隔离开关，决定整个电路的通断，便于电路的安装与维修
		FU_1	熔断器，对主电路进行短路保护
		KM	交流接触器主触点，分断或闭合主电路
		FR	热继电器，对主电路电动机实现过电流保护。当电流超过规定值一定时间后，热元件变形分断接入控制电路中的动断触点，切断接触器主触点，电动机停止运转
		M	电动机，整个电路的执行元件

续表

电路功能	电路图	元件符号	各元件在电路中的作用
控制电路	(电路图：FU₂ 2A，L₁，FR，SB₁，SB₂，KM，KM线圈，N)	FU_2	熔断器,控制电路与辅助电路的短路保护元件
		FR	热继电器的动断触点,当电动机长时间过载时,在热元件作用下断开,使 KM 线圈断电,从而分断 KM 主触点,断开主电路
		SB_1	停止按钮,断开后使 KM 线圈失电,断开主电路
		SB_2	启动按钮,闭合后使 KM 线圈通电,吸合后使 KM 辅助触点闭合自锁
		KM 动合触点	自锁触点,起自锁作用
		KM 线圈	接触器 KM 的电磁线圈,通电后其主触点吸合,自锁触点闭合
指示电路	(电路图：L₁，KM，KM，EL₁ 5W 220V GN，EL₂ 5W 220V RD，N)	KM 动合辅助触点	KM 动合辅助触点吸合后 EL₁ 灯亮,指示电路处于工作状态
		EL_1	工作指示灯
		KM 动断辅助触点	KM 动断辅助触点释放后 EL₂ 灯亮,指示电路处于停止状态
		EL_2	停止指示灯
照明电路	(电路图：KA，EL₃ 100W 220V WH)	KA	照明开关 KA 闭合后 EL₃ 灯亮,照明电路处于工作状态
		EL_3	照明灯

动作原理分析如下:

合上隔离开关 QS,电路的动作过程如下:

(1)单向连续运转:

按下 SB_2 → KM 线圈得电
- → 控制电路 KM 动合触点闭合,产生自锁
- → KM 主触点闭合 → 电动机单向连续运转
- → 指示电路 KM 动合触点闭合,EL_1 指示灯亮,指示电路处于工作状态
- → 指示电路 KM 动断触点断开,EL_2 指示灯灭

(2)停止:

按下 SB_1 → KM 线圈失电
- → 控制电路 KM 动合触点恢复断开状态
- → KM 主触点断开 → 电动机停止单向连续运转
- → 指示电路 KM 动合触点断开,EL_1 指示灯灭
- → 指示电路 KM 动断触点恢复闭合状态,EL_2 指示灯亮,指示电路处于停止工作

(3)照明电路工作:闭合照明开关 KA,EL_3 照明灯亮,照明电路处于工作状态。

2)电气安装接线图的识读

要正确识读电气安装接线图,首先应该熟悉电气原理图。应找准识读顺序,通常先主电路、后控制电路。看主电路时,可根据电流流向,从电源引入处开始,从上到下,弄清电气安装接线图中各元件的实际位置及布线规律。看控制电路时,可从某一相电源出发,从上到下,从左到右,按照线号,根据假定电流方向经控制元件到另一相电源。弄清电气安装图中各元器件的型号、规格、数量、布线方式及安装工艺。具体分析步骤见表6-5。

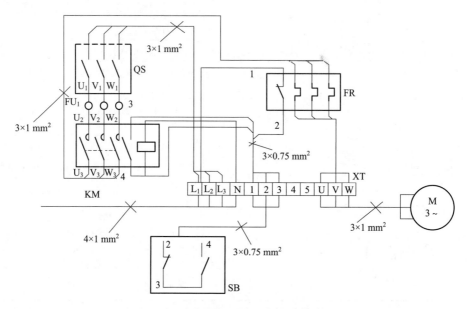

图6-46 电气原理图和电气安装接线图

表6-5 电气安装接线图的识读

电路功能	元件名称		符号	数量	接线关系			
					进线		出线	
					来源	线号	去向	线号
主电路	隔离开关		QS	1	电源	L_1、L_2、L_3	FU_1	U_1、V_1、W_1
	熔断器		FU_1	1	QS	U_1、V_1、W_1	KM 主触点	U_2、V_2、W_2
	接触器主触点		KM	1	FU_1	U_2、V_2、W_2	FR 主触点	U_3、V_3、W_3
	热继电器主触点		FR	1	KM 主触点	U_3、V_3、W_3	经 XT 端子排到电动机 M	U、V、W
控制电路	热继电器动断触点		FR	1	电源接线端子 L_1	1	SB_1	2
	停止按钮		SB_1	1	FR 动断触点	2	SB_2 动合触点 KM 动合触点	3
	起动按钮		SB_2	1	停止按钮 SB_1	3	KM 线圈	4
	接触器	动合触点	KM	1	停止按钮 SB_1	3	KM 线圈	4
		KM 线圈		1	SB_2 动合触点 KM 动合触点	4	XT 的 N 端	0

学习任务三 电动机控制线路的安装

一、三相异步电动机单向连续运行控制电路

1. 电路分析

三相异步电动机单向运行是应用较多的控制电路,如日常的水泵和风机等运行线路。三相异步电动机的单向连续控制原理图如图 6-47 所示。

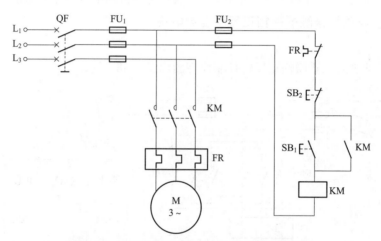

图 6-47 三相异步电动机的单向连续控制原理图

1) 起动控制

先合上电源开关 QF,

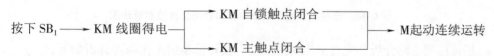

(1) 自锁和自锁触点。当松开 SB_1 时,SB_1 复位断开,但由于 KM 的辅助动合触点与 SB_1 并联,且已闭合,因此 KM 线圈仍保持通电。这种利用接触器本身的动合触点使接触器线圈继续保持通电的控制称为自锁。该辅助动合触点就称为自锁触点。

(2) 自锁的作用。正是由于自锁触点的作用,在松开起动按钮 SB_1 时,电动机仍能继续运转,而不是点动运转。

2) 停止控制

接触器自锁控制线路不但能使电动机连续运行,还具有欠电压和失电压(或零电压)保护作用。

(1) 欠电压保护。欠电压是指线路电压低于电动机应加的额定电压。欠电压保护是指当线路电压下降到某一数值时，电动机能自动脱离电源停转，避免电动机在欠电压下运行的一种保护。

(2) 失电压(或零电压)保护。失电压保护是指电动机在正常运行中，由于外界某种原因引起突然断电时，能自动切断电动机电源；当重新供电时，保证电动机不能自行起动的一种保护。接触器自锁控制线路也可以实现失电压保护作用。

二、三相异步电动机正反转控制电路

正反转控制在现代化生产中属于绝对不可缺少的生产控制环节，如电梯的上升与下降、机床工作台的前进与后退、万能铣床主轴的正转与反转、起重机的上升与下降等。

1. 三相异步电动机接触器联锁正反转控制电路

1) 电路分析

三相异步电动机接触器联锁正反转控制原理图如图 6-48 所示。

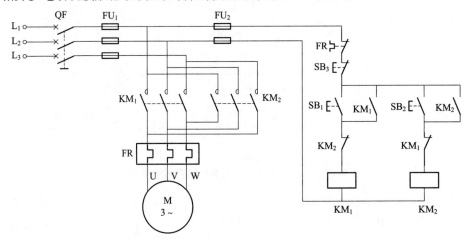

图 6-48 三相异步电动机接触器联锁正反转控制原理图

(1) 正转控制电路分析。先合上电源开关 QF，正转控制的工作原理分析如下：

(2) 反转控制电路分析。

2）重要事项

（1）三相异步电动机反转的条件。三相异步电动机反转的条件是改变通入电动机定子绕组三相电源的相序。如图 6-49 所示，通过改变电源任意两相的接线来进行换相。

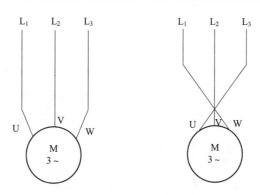

图 6-49 三相异步电动机的反转

（2）互锁原理。接触器 KM_1 和 KM_2 的主触点决不允许同时闭合，否则造成两相电源短路事故。为了保证一个接触器得电动作时，另一个接触器不能得电动作，以避免电源的相间短路，就在正转控制电路中串联了反转接触器 KM_2 的动断辅助触点，而在反转控制电路中串联了正转接触器 KM_1 的动断辅助触点。当接触器 KM_1 得电动作时，串在反转控制电路中的 KM_1 的动断触点分断，切断了反转控制电路，保证了 KM_1 主触点闭合时，KM_2 的主触点不能闭合。同样，当接触器 KM_2 得电动作时，KM_2 的动断触点分断，切断了正转控制电路，可靠地避免了两相电源短路事故的发生。

这种在一个接触器得电动作时，通过其动断辅助触点使另一个接触器不能得电动作的作用称为互锁。实现互锁作用的动断触点称为互锁触点。

（3）电路缺陷。如图 6-48 所示，电动机从正转变为反转时，必须先按下停止按钮后，才能按反转起动按钮，否则由于接触器的联锁作用，不能直接实现反转控制。

2. 三相异步电动机双重联锁正反转控制电路

接触器联锁正反转控制电路虽工作安全可靠但操作不方便；而按钮联锁正反转控制电路虽操作方便但容易产生电源两相短路故障。双重联锁正反转控制线路则兼有两种联锁控制线路的优点，操作方便，工作安全可靠。图 6-50 为三相异步电动机双重联锁正反转控制线路。

1）正转控制电路分析

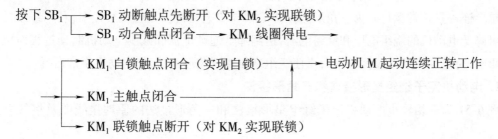

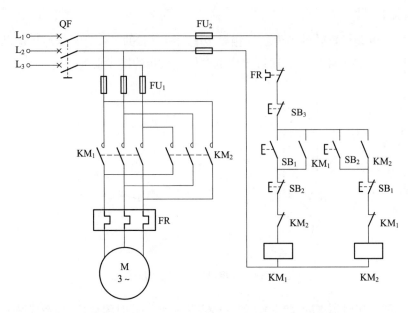

图 6-50 三相异步电动机双重联锁正反转控制电路

2)反转控制电路分析

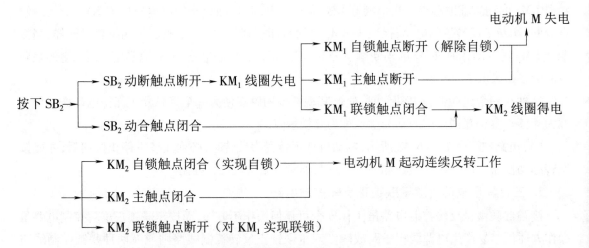

三、三相异步电动机丫-△降压起动控制电路

三相异步电动机的丫-△降压起动方式是大容量电动机常用的降压起动措施,但它只适用于具有星形连接且正常运行时为三角形连接的三相异步电动机。在起动过程中,利用绕组的星形连接可降低电动机的绕组电压和绕组电流,达到降低起动电流和减少电动机起动过程对电网电压的影响,待电动机起动过程结束后再使绕组恢复到三角形连接,使电动机正常运行。

1. 电动机定子绕组星形接法和三角形接法

图 6-51 为三相异步电动机定子绕组星形接法和三角形接法的原理接线图及接线盒内接线图。

项目六　电动机基本控制线路安装

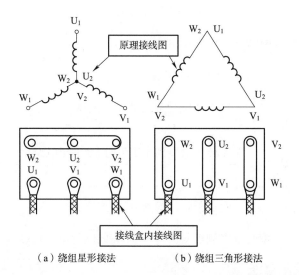

（a）绕组星形接法　　　　（b）绕组三角形接法

图 6-51　三相异步电动机定子绕组的接线图

电动机定子绕组星形和三角形接法时，其绕组上的电压和电流是有区别的。电动机起动时接成星形，加在每相定子绕组上的起动电压只有三角形接法的 $\frac{1}{\sqrt{3}}$，起动电流为三角形接法的 $\frac{1}{3}$，起动转矩也只有三角形接法的 $\frac{1}{3}$。所以，这种降压起动方法只适用于轻载或空载下起动。

2. 电路分析

三相异步电动机Y-△降压起动控制电路由时间继电器来完成自动切换，能可靠地保证转换过程的准确，其工作原理如图 6-52 所示。

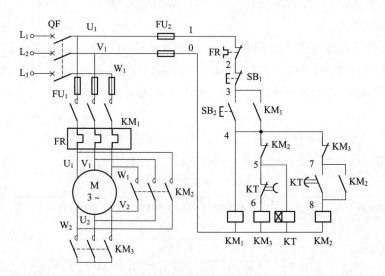

图 6-52　三相异步电动机Y-△降压起动控制电路（时间继电器自动切换）

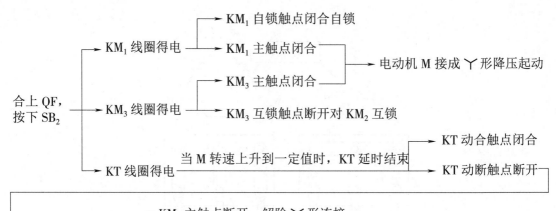

拓展：电阻分段测量法

1. 电阻分段测量法原理

能构成通路的电路或电气元件，用万用表电阻挡（欧姆挡）进行测量时，万用表指示（显示）零电阻或负载电阻。如万用表指示（显示）无穷大电阻或较大电阻，即测得电阻阻值与电阻实际阻值不符，说明该电路或电气元件断路或接触不良。

2. 运用电阻分段测量法查找线路故障

电路如图 6-53 所示，接通电源，按下按钮 SB_2，接触器 KM 线圈不能得电工作。分析故障的故障范围是：L_1-1-2-3-4-5-6-0-L_2。故障的故障范围较大，故障只有一个，需要采用电阻分段测量法查找出故障点。

（1）将万用表调到蜂鸣挡或电阻挡 R×10（或 R×100 量程），将电路按 L_1-1、1-2、2-3、3-4、4-5、5-6、6-0、0-L_2 相邻各点之间分段，然后逐段测量，即可找到故障点。测量结果及判断方法见表 6-6。

注意：实际测量时，电路中每个点至少有两个以上接线桩，电路的分段更多。电气元件之间的连接导线也是故障范围，不要漏测。

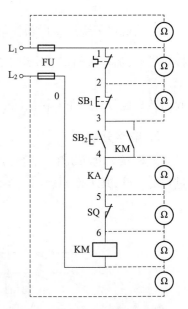

图 6-53 电阻分段测量法实例

表 6-6 电阻分段测量法

测试状态	测试点	正常阻值	测量阻值	故障点
切断电源	L_1-1	0	∞	FU 熔断或接触不良
	1-2	0	∞	FR 动作或接触不良
	2-3	0	∞	SB_1 接触不良
切断电源、按下按钮 SB_2	3-4	0	∞	SB_2 接触不良

续表

测试状态	测试点	正常阻值	测量阻值	故障点
切断电源,用一字螺丝刀按下接触器KM的动铁芯(KM的触点动作)	3-4	0	∞	KM 动合触点接触不良
切断电源	4-5	0	∞	KA 接触不良
	5-6	0	∞	SQ 接触不良
	6-0	R	∞	KM 线圈断路
	0-L_2	0	∞	FU 熔断或接触不良

3. 电阻长分段测量法

为了提高测量速度,还可采用电阻长分段测量法。电阻长分段测量法如图 6-54 所示。测量结果(数据)及判断方法见表 6-7。

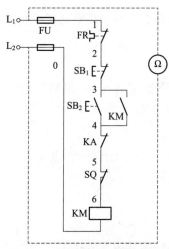

图 6-54 电阻长分段测量法实例

表 6-7 电阻长分段测量法

测试状态	测试点	正常阻值	测量阻值	故障点
切断电源、按下按钮 SB_2	L_1-L_2	R(接触器 KM 线圈的阻值)	∞	线路点 L_1 至点 L_2 间存在故障
切断电源,用一字螺丝刀按下接触器 KM 的动铁芯(KM 的触点动作)	L_1-L_2	R(接触器 KM 线圈的阻值)	∞	线路点 L_1 至点 L_2 间存在故障

4. 灵活运用电阻分段测量法和电阻长分段测量法

实际工作中操作者要根据线路实际情况,灵活运用电阻分段测量法和电阻长分段测量法,两种测量方法也可交替运用。一般线路故障查找时,先运用电阻长分段测量法来判断要查找故障的长段线路是否存在故障点。如无故障点,则继续往下查找。如有故障点,则此长段线路,必须用电阻分段测量法对线路里的元器件和导线,逐一进行故障查找。

5. 注意事项

(1)电阻法属停电操作,要严格遵守停电、验电、防突然送电等操作规程。测量检查前,务必切断电源,然后将万用表转换开关置于适当倍率电阻挡(以能清楚显示线圈电阻值为宜)。

(2)所测电路若与其他电路并联,必须将该电路与其他电路分开,否则会造成判断失误。

(3)用万用表电阻挡测量开关(闭合状态)、熔断器、接触器触点、继电器触点、按钮(闭合状态)、连接导线的电阻值为零,测量电动机绕组、电磁线圈、变压器绕组指示其电阻值。

(4)测量大电阻元件时,要将万用表的电阻挡转换到适当挡位。

操作任务一　三相异步电动机单向连续运行的线路安装

一、操作目的

通过本操作任务的学习,能够掌握三相异步电动机单向连续运行的线路接线方法。

二、操作准备

(1)三相异步电动机、低压断路器、热继电器、熔断器、交流接触器、按钮、端子板、导线若干。
(2)电工工作服、安全帽、绝缘手套、绝缘鞋。
(3)操作人员手干净不潮湿。
(4)操作人员熟悉低压电器的结构及工作原理、电动机工作原理、单向连续运行的线路接线要求和工艺要求。

三、操作步骤

步骤一:元器件的选择。元器件明细表见表6-8。

表6-8　元器件明细表

序号	名称(代号)	推荐型号	推荐规格	数量
1	三相异步电动机 M	Y112M-4	4 kW、380 V	1
2	低压断路器 QF	DZ10-100	三极、额定电流22 A	1
3	热继电器 FR	JR16-20/3	三极、20 A、热元件额定电流11 A、整定在8.8 A	1
4	螺旋式熔断器 FU_1	RL1-60/20	500 V、60 A、配熔体额定电流20 A	3
5	螺旋式熔断器 FU_2	RL1-15/2	500 V、15 A、配熔体额定电流2 A	2
6	交流接触器 KM	CJ10-20	20 A、线圈电压380 V	1
7	按钮 SB	LA10-3H	保护式、按钮数3	1
8	端子板 XT	JX2-1015	10 A、15 节	1
9	主回路导线		BV-4 mm²	若干
10	控制回路导线		BV-1.5 mm²	若干

步骤二:元器件的检测。按表6-8所示准备好所需的电气元件和工具,并分别用万用表检查其好坏。

步骤三:固定元器件,安装接线。主回路的实际接线是按电源→断路器→熔断器→接触器→热继电器→电动机的顺序接线。控制回路接线时注意热继电器的动断触点应与接触器线圈串联,接触器的自锁触点应与按钮SB_1并联。图6-55为三相异步电动机单向连续控制实际接线图。

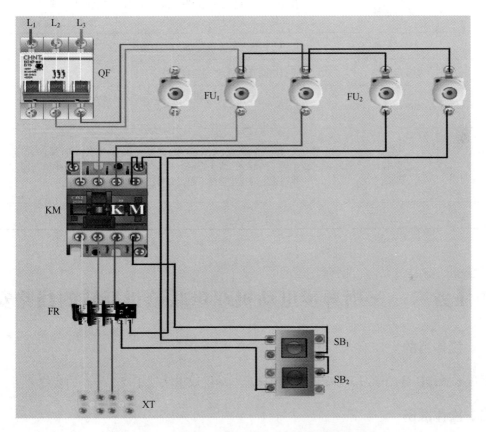

图 6-55　三相异步电动机单向连续控制实际接线图

线路安装应遵循"先主后控、先串后并;从上到下、从左到右;上进下出、左进右出、高进低出;控制回路首先从最小的线号顺号依次连接"的原则进行接线。

安装线路的工艺要求应按:"横平竖直、弯成直角、少用导线少交叉、多线并拢一起走"的原则接线。

步骤四:线路调试。

(1)检查接线接头是否接触良好。

(2)检查接线工艺是否美观、合理。

(3)用万用表检查线路是否连接正确(运用电阻分段测量法查找故障)。如有故障,查找出故障点并进行故障处理。

(4)经教师检查确认无误后,方可通电调试。

四、操作考核

表 6-9 中第 4 项为否定项,未能线路调试则实操不合格。

表 6-9 操作考核

序 号	考核要点	操作要点	得 分
1	元器件选择	各元器件选择正确;主回路导线选择正确;控制回路导线选择正确	
2	元器件检测	运用万用表对各元器件进行检测,验明是否完好	
3	安装接线	根据电路原理图,正确连接线路	
4	线路调试	用电阻测量法对安装线路进行检测,验明线路安装是否完好	
5	工艺要求	元器件布置整齐、美观、合理;横平竖直,拐弯成直角;接线牢固、接触良好,线头露铜 1~2 mm;导线中间无接头;同一接线桩上的连接导线不超过 2 根	
		合　计	

操作任务二　三相异步电动机双重联锁正反转的线路安装

一、操作目的

通过本操作任务的学习,能够掌握三相异步电动机双重联锁正反转线路的接线方法。

二、操作准备

(1)三相异步电动机、低压断路器、热继电器、熔断器、交流接触器、按钮、端子板、导线若干。

(2)电工工作服、安全帽、绝缘手套、绝缘鞋。

(3)操作人员手干净不潮湿。

(4)操作人员熟悉低压电器的结构及工作原理、电动机工作原理、正反转线路的接线要求和工艺要求。

三、操作步骤

步骤一:元器件的选择。元器件明细表见表 6-10。

项目六 电动机基本控制线路安装

表 6-10 元器件明细表

序号	名称(代号)	推荐型号	推荐规格	数量
1	三相异步电动机 M	Y112M-4	4 kW、380 V	1
2	低压断路器 QF	DZ10-100	三极、额定电流22 A	1
3	热继电器 FR	JR16-20/3	三极、20 A、热元件额定电流11 A、整定在8.8 A	1
4	螺旋式熔断器 FU_1	RL1-60/20	500 V、60 A、配熔体额定电流20 A	3
5	螺旋式熔断器 FU_2	RL1-15/2	500 V、15 A、配熔体额定电流2 A	2
6	交流接触器 KM_1、KM_2	CJ10-20	20 A、线圈电压380 V	2
7	按钮 SB	LA10-3H	保护式、按钮数3	1
8	端子板 XT	JX2-1015	10 A、15 节	1
9	主回路导线		BV-4 mm^2	若干
10	控制回路导线		BV-1.5 mm^2	若干

步骤二:元器件的检测。按表 6-10 所示电路准备好所需的电气元件和工具,并分别用万用表检查其好坏。

步骤三:固定元器件,安装接线。主回路的实际接线是按电源→断路器→熔断器→接触器 KM_1→热继电器→电动机→接触器 KM_2 的顺序接线。特别应注意 KM_1 和 KM_2 的主触点的正确连接。

控制回路的实际接线应先接正转回路再接反转回路,特别应注意接触器、按钮双重互锁的正确连接。图 6-56 为三相异步电动机双重联锁正反转控制实际接线图。

线路安装应遵循"先主后控、先串后并;从上到下、从左到右;上进下出、左进右出、高进低出;控制回路首先从最小的线号顺号依次连接"的原则进行接线。

安装线路的工艺要求应按:"横平竖直、弯成直角、少用导线少交叉、多线并拢一起走"的原则接线。

线路安装需要注意:

(1)电动机必须安放平稳,以防止在可逆运转时产生滚动而引起事故,并将电动机金属外壳可靠接地。

(2)接触器的联锁触点不能接错,否则将会造成主电路中两相电源短路事故。

步骤四:线路调试。

(1)检查接线接头是否接触良好。

(2)检查接线工艺是否美观、合理。

(3)用万用表检查线路是否连接正确(运用电阻分段测量法查找故障)。如有故障,查找出故障点并进行故障处理。

(4)经教师检查确认无误后,方可通电调试。

四、操作考核

表 6-11 中第 4 项为否定项,未能线路调试则实操不合格。

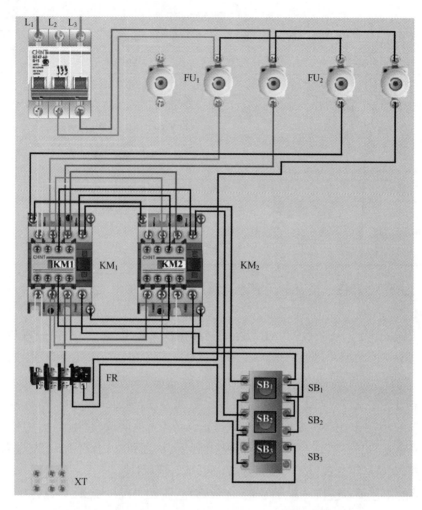

图 6-56 三相异步电动机双重联锁正反转控制实际接线图

表 6-11 操作考核

序 号	考核要点	操作要点	得 分
1	元器件选择	各元器件选择正确;主回路导线选择正确;控制回路导线选择正确	
2	元器件检测	运用万用表对各元器件进行检测,验明是否完好	
3	安装接线	根据电路原理图,正确连接线路	
4	线路调试	用电阻测量法对安装线路进行检测,验明线路安装是否完好	
5	工艺要求	元器件布置整齐、美观、合理;横平竖直,拐弯成直角;接线牢固、接触良好,线头露铜 1~2 mm;导线中间无接头;同一接线桩上的连接导线不超过 2 根	
		合　计	

操作任务三　三相异步电动机Y-△降压起动的线路安装

一、操作目的

通过本操作任务的学习,能够掌握三相异步电动机Y-△降压起动的线路接线方法。

二、操作准备

(1)三相异步电动机、低压断路器、热继电器、熔断器、交流接触器、按钮、端子板、导线若干。
(2)电工工作服、安全帽、绝缘手套、绝缘鞋。
(3)操作人员手干净不潮湿。
(4)操作人员熟悉低压电器的结构及工作原理、电动机工作原理、Y-△降压起动线路的接线要求和工艺要求。

三、操作步骤

步骤一:元器件的选择。元器件的选择,见表6-12。

表6-12　元器件明细表

序号	名称(代号)	推荐型号	推荐规格	数量
1	三相异步电动机 M	Y112M-4	4 kW、380 V	1
2	低压断路器 QF	DZ10-100	三极、额定电流22 A	1
3	热继电器 FR	JR16-20/3	三极、20 A、热元件额定电流11 A、整定在8.8 A	1
4	螺旋式熔断 FU_1	RL1-60/20	500 V、60 A、配熔体额定电流20 A	3
5	螺旋式熔断 FU_2	RL1-15/2	500 V、15 A、配熔体额定电流2 A	2
6	交流接触器 KM_1、KM_2、KM_3	CJ10-20	20 A、线圈电压380 V	3
7	按钮 SB	LA10-3H	保护式、按钮数3	1
8	端子板 XT	JX2-1015	10 A、15 节	1
9	主回路导线		BV-4 mm^2	若干
10	控制回路导线		BV-1.5 mm^2	若干

步骤二:元器件的检测。按表6-12所示准备好所需的电气元件和工具,并分别用万用表检查其好坏。

步骤三:固定元器件,安装接线。主回路的实际接线是按电源→断路器→熔断器→接触器 KM_1→热继电器→电动机→接触器 KM_3→接触器 KM_2 的顺序接线,特别应注意 KM_2 和 KM_3 的主触点的正确连接。

控制回路的实际接线应先连接接通接触器 KM_1 的回路，再连接接通接触器 KM_2 和时间继电器 KT 的回路，最后连接接通接触器 KM_3 的回路。特别应注意接触器 KM_2 动断触点、接触器 KM_3 动断触点、接触器 KM_2 线圈、接触器 KM_3 线圈和时间继电器 KT 线圈的正确连接。图 6-57 为三相异步电动机Y-△降压起动控制电路（时间继电器自动切换）实际接线图。

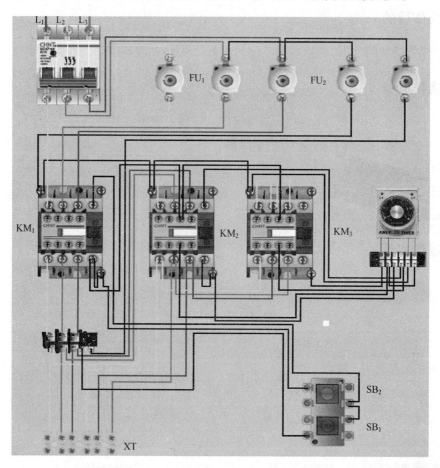

图 6-57　三相异步电动机Y-△降压起动控制电路（时间继电器自动切换）实际接线图

线路安装应遵循"先主后控、先串后并；从上到下、从左到右；上进下出、左进右出、高进低出；控制回路首先从最小的线号顺号依次连接"的原则进行接线。

安装线路的工艺要求应按："横平竖直、弯成直角、少用导线少交叉、多线并拢一起走"的原则接线。

线路安装需要注意：

（1）接线时要注意电动机的△接法不能接错，同时应该分清电动机的首端和尾端的连接。

（2）电动机、时间继电器、接线端子板等不带电的金属外壳或底板应可靠接地。

步骤四：线路调试。

（1）检查接线接头是否接触良好。

（2）检查接线工艺是否美观、合理。

(3)用万用表检查线路是否连接正确(运用电阻分段测量法查找故障)。如有故障,查找出故障点并进行故障处理。

(4)经教师检查确认无误后,方可通电调试。

四、操作考核

表6-13中第4项为否定项,未能线路调试则实操不合格。

表6-13 操作考核

序 号	考核要点	操作要点	得 分
1	元器件选择	各元器件选择正确;主回路导线选择正确;控制回路导线选择正确	
2	元器件检测	运用万用表各元器件进行检测,验明是否完好	
3	安装接线	根据电路原理图,正确连接线路	
4	线路调试	用电阻测量法对安装线路进行检测,验明线路安装是否完好	
5	工艺要求	元器件布置整齐、美观、合理;横平竖直,拐弯成直角;接线牢固、接触良好,线头露铜 1~2 mm;导线中间无接头;同一接线桩上的连接导线不超过2根	
	合 计		

参 考 文 献

[1] 北京市安全生产技术服务中心. 低压电工作业[M]. 北京:团结出版社,2015.

[2] 秦钟全. 图解低压电工上岗技能[M]. 2版. 北京:化学工业出版社,2014.

[3] 杨清德,杨祖荣. 模拟电子技术基础[M]. 2版. 北京:电子工业出版社,2012.

[4] 谢伟. 低压维修电工考证技能训练操作[M]. 北京:机械工业出版社,2015.

[5] 王兆晶. 安全用电[M]. 5版. 北京:中国劳动社会保障出版社,2014.

[6] 周斌兴,过晓明. 维修电工入门与提高全程图解[M]. 5版. 北京:化学工业出版社,2018.